洁身器具质量特性及评价

马德军 等◎著

中国质量标准出版传媒有限公司
中 国 标 准 出 版 社
北 京

图书在版编目（CIP）数据

洁身器具质量特性及评价/马德军等著 .—北京：中国质量标准出版传媒有限公司，2019. 10

ISBN 978 - 7 - 5026 - 4740 - 7

Ⅰ. ①洁… Ⅱ. ①马… Ⅲ. ①卫生间—卫生设备—质量特性—研究 Ⅳ. ①TS914. 254

中国版本图书馆 CIP 数据核字（2019）第 192135 号

中国质量标准出版传媒有限公司
中　国　标　准　出　版　社　出版发行

北京市朝阳区和平里西街甲 2 号（100029）

北京市西城区三里河北街 16 号（100045）

网址：www. spc. net. cn

总编室：（010）68533533　发行中心：（010）51780238

读者服务部：（010）68523946

中国标准出版社秦皇岛印刷厂印刷

各地新华书店经销

*

开本 710×1000　1/16　印张 14　字数 203 千字

2019 年 10 月第一版　　2019 年 10 月第一次印刷

*

定价　58.00　元

本书撰写组成员

马德军　鲁建国　刘　民　陈松涛　李珊珊

张庆玲　李　伟　李　鹏　张维超　周　旭

李　一　朱　焰　洪志强　朱志宇　范丙强

周雯虹　孙　鹏

PREFACE 前言

2015年我国著名经济学家吴晓波一篇题为《去日本买只马桶盖》的文章，引爆了社会各界对电坐便器的广泛关注。

洁身器具通常是指电坐便器或电便座，有时也称为电子马桶、淋浴马桶、智能马桶、智能坐便器等。

电坐便器是现代文明的产物。第一次工业革命后，机器开始取代手工劳动，解决人类排泄卫生和安全问题的抽水马桶也就应运而生了。自1596年英国人哈林顿发明抽水便池到1928年美国医学博士兼发明家约翰·哈维·凯洛格发明妇洗器（电坐便器的雏形），经历了数百年的时间。

电坐便器最早并不是为了改善马桶的功能，而是用于医疗和老年保健。除了处理人体排泄物外，主要用于清洗下体，给使用者带来卫生、健康和舒适的如厕体验。

我国电坐便器产业发展较晚，直到20世纪末才逐步引入并进行自主生产。虽然2005年开始电坐便器产品已被部分消费者所认识，但销售市场并未得到启动，长期处于低迷状态。2014年起我国电坐便器销量开始大幅增长，生产制造企业大量涌入，竞争日趋激烈，但市场普及率仍处于较低的水平。造成我国电坐便器产品普及率较低的主要原因是普通消费者对该类产品的认知度较低、使用体验机会较少，未能充分了解产品在洁身和健康方面的功效，尤其是对女性的保护作用，加之销售渠道主要集中于建材领域，这些均对该产品的大面积推广使用带来不利影响。

随着近年来人们生活水平的提高以及健康理念的不断深入，电坐便器开始越来越多地进入到百姓的家庭。住宅环境的改善和结构的改进，使得家庭卫生空间中安装电坐便器等高端卫浴产品成为可能。目前，市场上的电坐便器有普通型和智能型2种。普通型是指依靠手动控制或预设程序完成某些固定功能的电坐便器；智能型是指依靠光、电、声等传感器控制，自行编制运行程序，并依据感应控制一次完成全部冲洗、干燥和除味等功能。

清洁率是电坐便器产品质量水平的主要体现，即产品能够去除黏在人体臀部排泄物的百分比。因此，消费者在购买电坐便器时首先要关注清洁率指标，其值越高说明产品质量越好。中国家用电器研究院近年来通过对几百台电坐便器产品的检测，统计结果显示国内品牌在清洁率和能耗两个项目上优于国外品牌。据中怡康监测数据显示，电坐便器各细分品类的均价持续上升，意味着产业正朝着高品质、高质量、高端化的方向发展。

2018年1月10日，中国轻工业联合会在人民大会堂新闻发布厅召开“让人民生活更美好——轻工业消费升级成果新闻发布会”。在会上，中国轻工业联合会张崇和会长自豪地宣布：“中国游客在海外抢购电饭煲、马桶盖已成为历史!”

电坐便器是重要的民生消费品之一，为满足人们日益升级的消费需求，推动构建以标准引领、企业履责、政府监管为基础的管理体系，尤其是指导消费者更加理性地购买、更加科学有效地使用电坐便器，我们撰写了《洁身器具质量特性及评价》一书。

本书共分为6章，分别就洁身器具发展史、洁身器具国内外行业现状、洁身器具产品质量评价、洁身器具测试指南、洁身器具质量分析、电坐便器选购和使用指南等几方面内容，用通俗的语言进行了详细的阐述，为电坐便器各利益相关方提供了客观、公正和权威的技术支撑。

由于水平有限，加之时间紧促，书中难免有错误和不妥之处，敬请广大读者批评指正。

在此，感谢中国标准出版社编辑的支持和鼓励，感谢他们在本书撰写与出版过程中的热情帮助和耐心指导。

王德华

2019 年 8 月

CONTENTS 目录

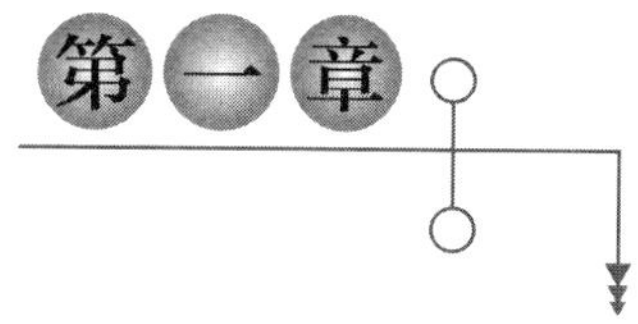

洁身器具发展史

随着近年来人们生活水平的提高以及健康理念的不断深入，洁身器具开始越来越多地进入到百姓的家庭。洁身器具通常是指电坐便器或电便座。电坐便器俗称电子马桶、淋浴马桶、智能马桶、智能坐便器等；电便座俗称马桶盖、电子便座、温水冲洗便座，是一种在人体如厕后冲洗清洁或专对女性冲洗清洁的具有舒适性和健康性的家用电器（为表述方便，以下除了单独提出电便座外，“电坐便器”同时包括“电便座”）。

住宅环境的改善和结构的改进，使得家庭卫生空间中安装电坐便器等高端卫浴产品成为可能。目前，市场上绝大多数的电坐便器是基于抽水马桶的由电力驱动、带有清洗人体残余排泄物，并可带有吹风干燥、坐圈加热等功能的器具。抽水马桶面市至今，已经有 200 多年的历史。而带有清洗人体、吹风干燥、坐圈加热等功能的洁身器具则是近 40 年的产物。洁身器具的发展历程，也从一方面反映了人类社会文明、物质文明和健康文明的发展。

第一节　洁身器具的历史渊源

一、坐便器的起源

抽水马桶是随着第一次工业革命产生的，是机器代替手工劳动的产物，主要用于处理人体排泄物，解决人类的排泄卫生和安全问题。

根据世界厕所组织（World Toilet Organization）提供的数据，全球每天可产生 150 多万吨排泄物，相当于 16 艘航空母舰的质量。当人类开始大规模居住时，马桶成了当务之急。历史上有两种恶性疾病都与人类的排泄物有关：霍乱和伤寒。如果不能妥善处理排泄物及其导致的疾病，人类文明就不可能繁荣发展。

中世纪英国伊丽莎白时代，贵族会用石头在城堡里盖一间厕所，但大多数城市居民是在卧室里使用夜壶。天亮后，他们会从窗户把尿直接倒在街上；粪便会由特别挖建的排水沟排进污水坑或护城河里。这种看似卫生的做法实际对人类健康构成了严重威胁。

1596 年，英国人哈林顿发明的抽水便池诞生在英国女王伊丽莎白的宫殿里，它是一个简单的有水箱的木制座位，但是不隔臭，而且噪声大，没有排污系统，所以一直没有得到推广，这就是抽水马桶的雏形（如图 1.1 所示）。

图 1.1　英国贵族使用木质马桶

1775 年，英国钟表匠卡彭斯对哈林顿的设计进行了改进，实现了储水池中水每次用完后抽水马桶的自动关闭功能，并获得专利。

1778 年，英国工匠布拉莫再一次改进原来的设计，将增加了把手的储水器放在了便池的上方，同时在便池上增加了盖板。

1790 年，英国发明家约瑟夫又一次改进了马桶，增加了控制水量的球阀和防臭功能的 U 型管道设计，人类才真正意义上开始使用抽水马桶。

马桶虽然改善了个人卫生，但由于排泄物是顺着管道直接排到河里，这就导致了严重的环境污染，从而造成了传染病的流行。直到 1858 年夏天，伦敦泰晤士河爆发了著名的“大恶臭事件”，人们才开始建设下水道系统。

1861 年，管道工托马斯·克莱帕改进了抽水马桶，并发明了一套先进的节水冲洗系统。19 世纪后期，欧洲各大城市都安装了自来水管道和排污系统，抽水马桶才真正普及起来（如图 1.2 所示）。自此，人体废物排放进入现代化时期，抽水马桶开始由欧美传入亚洲国家。

图 1.2 英国早期的抽水马桶

在中国，坐便器最早出现在 19 世纪中叶的上海黄浦江的外国轮船上，之后在上海开始流行。直到 20 世纪 90 年代，抽水马桶才开始在中国的城市中普及。

二、电坐便器的诞生

电坐便器是现代文明的产物，除了处理人体排泄物外，主要用于清洗下体，给使用者带来舒适和健康的如厕体验。

电坐便器起源于美国，最早并不是为了改善马桶的功能，而是用于医疗和老年保健。

1928 年，美国医学博士兼发明家约翰·哈维·凯洛格针对妇洗器①进行改良。改良的妇洗器是在原先产品上加装了水泵，使得产品的出水更有力，更方便给肠道病患者进行结肠灌洗；同时，该产品也可内置在病床下方，使患者能够通过一个按钮控制就能打开，方便使用。

世界上第一台电坐便器诞生于 1964 年的美国，美国人 Arnold Cohen 为了自己患病的父亲，花费两年时间研制出一个由脚踏板控制的集冲洗和烘干为一体的电便座，并获得专利（如图 1.3 所示）。但是当时大多数美国人认为有关如厕的问题太过于低俗，且由于生活习惯和饮食的差异，电坐便器在美国的销量一直不理想。

图 1.3 Arnold Cohen 发明了第一台电便座

---

① 在很多国家，没有坐便器以前，人们通常使用妇洗器清洁下体，这一习惯至今依旧保留。另外，基于宗教等原因，某些国家男女不能共用一个清洗下体的器皿。所以，即使当今电坐便器虽然具有女性专用功能，但妇洗器仍在一些国家中被广泛使用。

20 世纪 80 年代，日本经改良推出了全新的电坐便器产品，该产品具有冲洗、吹风烘干、坐圈加热等功能。日本是一个非常重视如厕文化的国家，日本信奉的神灵中有一位是专司厕所的“厕神”，并有向“厕神”祈福的风俗习惯。由于日本人民对如厕环境和产品体验要求非常严格，因此，这种能够处理排泄物、能够彻底清洁人体器官、便捷、舒适、健康的洁身器具在日本受到了极大的欢迎。

第二节　电坐便器产品市场

目前，市场上的电坐便器有普通型和智能型 2 种。普通型依靠手动控制或预设程序完成某些固定功能；智能型依靠光、电、声等传感器控制，自行编制运行程序，并依据感应控制一次完成全部冲洗、干燥、除味等功能。

电坐便器按照其结构形式可分为分体式和一体式。分体式是指电坐便器安装在冲水便座上使用的洁身器具（如图 1.4 所示）；一体式是指冲水便座与电坐便器作为一个整体使用的洁身器具（如图 1.5 所示）。大家俗称的“马桶盖”即为分体式电坐便器（电便座）。目前，我国家电或建材市场上销售的电坐便器，大部分为普通型电坐便器，智能型电坐便器还相对较少。

经过 30 多年的推广应用，电坐便器成为日本、韩国等国家庭中不可或缺的家用电器。目前，日本绝大多数的公共卫生间都配备了电坐便器，具有冲洗、吹风烘干、坐圈加热、杀菌、甚至自动更换厕纸等功能。电坐便器在日本的快速发展影响和带动了其在亚洲甚至全球的迅速普及。

相较于日本，我国电坐便器产业发展较晚，直到 20 世纪末期才逐步引入并进行自主生产。虽然 2005 年开始电坐便器产品已被部分消费者所认识，但销售市场并未得到启动，长期处于低迷状态。

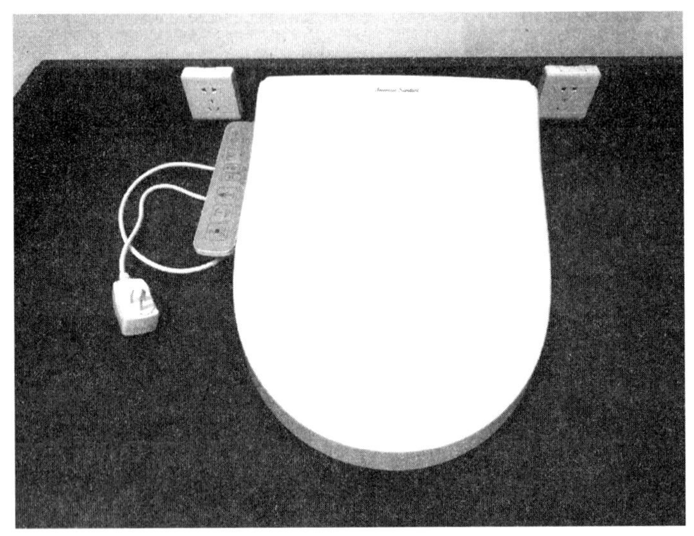

图 1.4　分体式电便座

图 1.5　一体式电坐便器

2014 年起，我国电坐便器销量开始大幅增长，生产制造企业大量涌入，竞争日趋激烈，但市场普及率仍处于较低的水平。有专家分析认为，造成我国电坐便器产品普及率较低的主要原因是普通消费者对该类产品的

认知度较低、使用体验机会较少，未能充分了解其在洁身和健康方面的功效，尤其是对女性的保护作用，加之销售渠道主要集中于建材领域，这些均对电坐便器的大面积推广使用带来不利影响。

随着我国经济的腾飞，房地产行业呈爆发式增长，工业技术水平的不断提升及人民生活水平的不断提高，人们的健康环保意识不断增强，具有健康、环保、卫生、舒适特点的电坐便器产品开始为更多的消费者所接受。尤其是2015年我国著名经济学家吴晓波一篇题为《去日本买只马桶盖》的文章，更是意外引爆了社会各界对电坐便器产品的关注，使广大消费者认识到在厕所中也能体验到前所未有的清洁享受。

电坐便器产品虽然在我国得到迅猛发展，但市场普及率仍远低于日、韩等国。据统计，我国卫浴行业中，电坐便器仅占普通陶瓷坐便器年销量的1%左右（30万~40万套）。城镇家庭的普及率未超过2%，市场潜力十分巨大。我们相信，随着消费者认知的不断提高、健康生活理念的加强、线上线下家电卖场的进入，电坐便器这类有助于人体健康和舒适体验的洁身器具市场将引来一波爆发式增长。

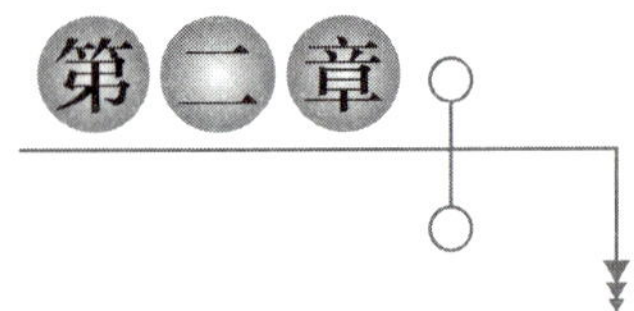

洁身器具国内外行业现状

第一节　产品领域

电坐便器早期之所以被称为“洁身器”，是因为它最初是以医疗为目的而研发的，应用范围也是作为一种医疗或辅助医疗器具使用，因此价格昂贵。20 世纪 80 年代日本引入该产品后，从最初以女性洁身为目的，逐步演变成现今的集洁身与处理人体排泄物为一体的产品。

随着科学技术的发展和突破，电坐便器的功能更加完善，价格也大幅下降，产品开始快速进入家庭，成为家庭卫浴中广泛使用的一种集舒适和健康于一体的家用电器。现在电坐便器或电便座基本都具备了坐圈加热、温水冲洗、除臭、吹风干燥、除菌抗菌、多种水压水流变换清洗等功能。

我国电坐便器产业经过近几年技术革新和本土化技术改进，已经度过最初的市场寒冰期，完成了产品技术本土化改造升级过程。尤其是国家标准 GB 4706.53—2008《家用和类似用途电器的安全　坐便器的特殊要求》和 GB/T 23131—2019《家用和类似用途电坐便器便座》的发布实施，对规范产品生产制造、引导市场健康有序发展、推动电坐便器产品安全和性能大幅提升起到十分重要的作用。

一、国内外市场现状

电坐便器产品虽然起源于美国，但是在欧美等地区一直未能得到普及，市场年消费量仅为几万台。正如第一章所述，其主要原因是欧美地区

消费人群的生活习惯与亚洲国家存在明显不同，加上大部分家庭分别装有普通坐便器和带有热水功能的“妇洗器”，这无疑制约了电坐便器在欧美市场的普及。

目前，电坐便器市场主要集中于亚洲地区。以日本电坐便器 1992 年到 2018 年的普及率为例，日本消费者对该产品接受能力逐年稳步升高（如图 2.1 所示），说明该产品易于被消费者接受和认可。相较于日本的 80.20%、韩国约 50%、我国台湾地区约 25%的普及率，我国大陆地区 2018 年仅为 1%的普及率是非常低的。

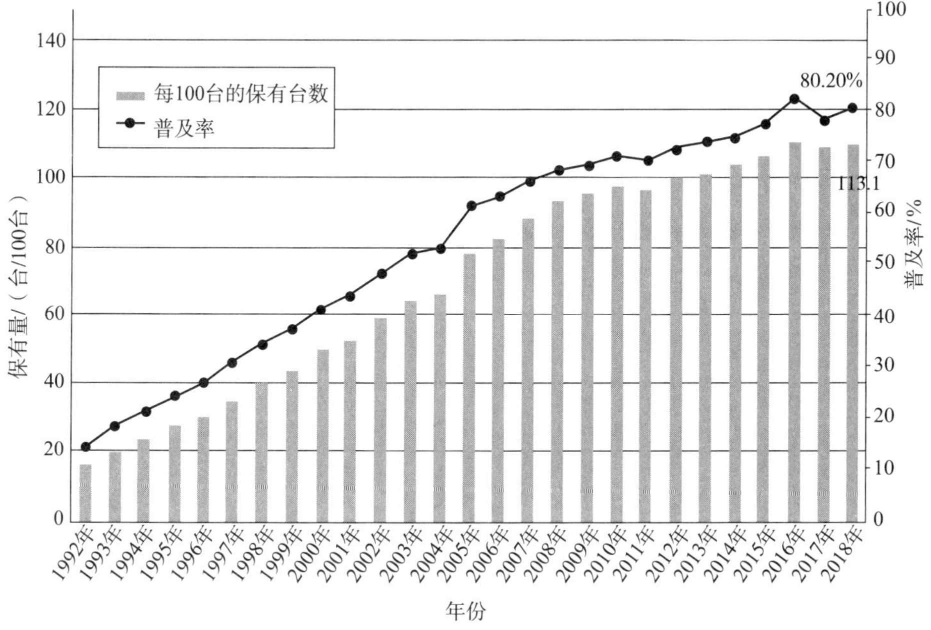

数据来源：日本洗手间行业协会，日本内阁府消费调查

图 2.1　电坐便器日本家庭普及率变化（1992 年—2018 年）

据中国家用电器协会的统计（如图 2.2 和图 2.3 所示），2014 年以前电坐便器国内销量年均仅为 10 万台左右，之后随着用户体验的口碑传播、企业的宣传和正确引导，产品逐步引起社会各界的关注，销量也从 2014 年的 100 余万台开始逐年上升，持续迎来了产品销量的大幅增长。

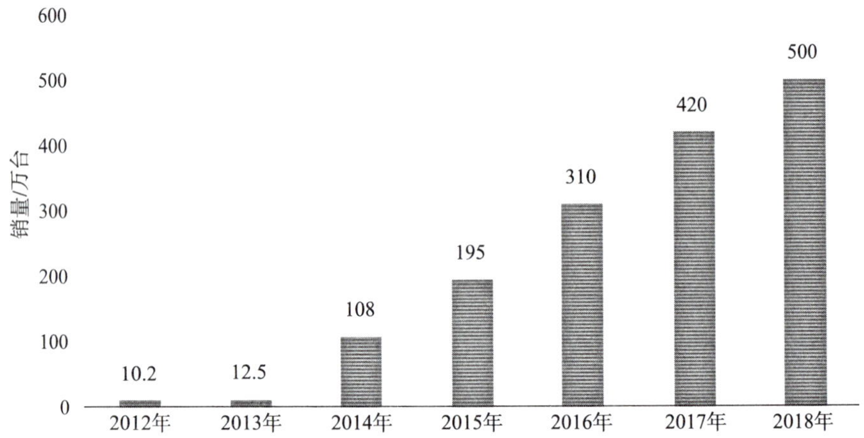

数据来源：中国家用电器协会

图 2.2　我国电坐便器近年来市场规模增长情况

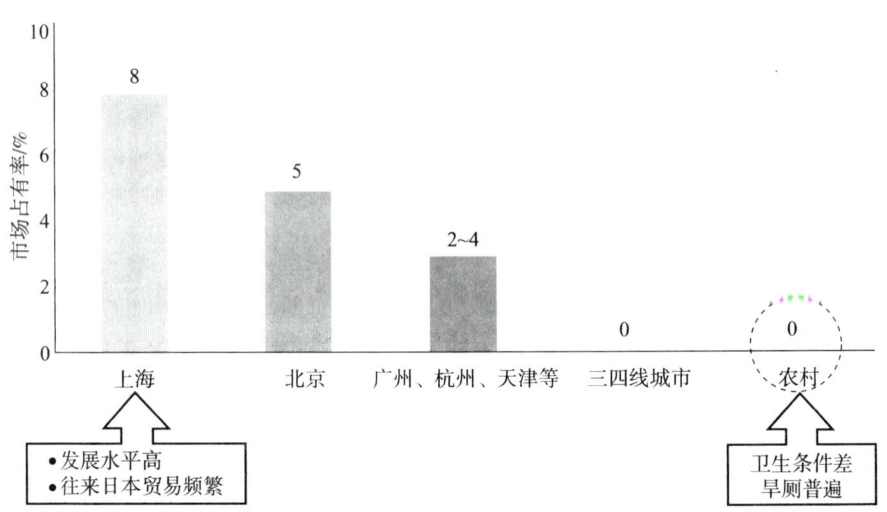

数据来源：中国家用电器协会

图 2.3　我国电坐便器市场主要分布情况

从用户普及率来看，我国的电坐便器市场将是未来增长潜力较大的家用电器消费市场。由于电坐便器目前在家装市场和家电卖场的销售情况还不是十分理想，国内厂家纷纷寻找新的更直接有效的销售方式，如企业直接与建筑开发商、内装配套企业、酒店管理者合作，将其直接推广到消费者家中或酒店等公共场所。另外，近年来电商逐渐成为销售平台的重要组成部分。根据国内电商销售数据显示，电坐便器产品 2015 年线上销售 15.45 万台，销售额 3.39 亿元；2018 年线上销售 125.04 万台，销售额 32.39 亿元；2019 年上半年销售 71.39 万台，销售额 18.88 亿元。

但不能否认的是，目前国内市场销售的产品多为代工厂生产的产品，部分生产企业只拥有总装生产线、包装线，关键部件依赖国外企业供给，造成产品质量波动较大、安全隐患较多。电坐便器作为与人体密切接触，集水、电、热于一体，常年工作在较恶劣环境下的一种家用电器产品，涉及产品电器安全、健康安全和节能环保等多个领域。因此，产品质量尤为重要。现阶段，电坐便器产品没有列入 CCC 强制性安全认证目录，属于自愿性认证产品，市场还存在着鱼目混珠的问题，监管手段还需要进一步完善。GB/T 23131—2019《家用和类似用途电坐便器便座》的发布实施，对电坐便器行业的质量提升、技术进步和保护消费者合法权益等方面将起到有力的支撑作用。

目前，在中国市场的带动下，电坐便器产品在亚洲市场得到进一步的发展壮大，间接带动了美国、俄罗斯、欧洲等国家和地区产品市场的发展。据了解，2019 年大部分电坐便器制造企业都建立了国际销售部门，中国的电坐便器产品正在进行全球化布局，中国生产的优质产品也将为世界各地的人民带来更好的生活体验。

二、产品的功能

目前，各类电坐便器功能各异，主流产品的功能主要包括：人体自身卫生清洁、附带坐圈加热、冲水按摩、吹风干燥、除臭、便盖自动开合、播放音乐、夜间照明等，部分产品还具有检测人体生理数据并进行健康分析的功能。

电坐便器产品主要组成包括：坐圈加热单元、水温调节单元、冲洗组件单元、吹风干燥单元、除臭单元、自动开合单元、照明或音乐播放单元、生理指标采集和数据分析单元等。

从实际意义上讲，人体自身卫生清洁、坐圈加热、吹风干燥为电坐便器的三大主要功能；冲水按摩、除臭、自动开合、播放音乐、夜间照明、人体生理健康数据分析等功能为电坐便器的附加功能。电坐便器的主要应用技术围绕 GB/T 23131—2019《家用和类似用途电坐便器便座》中“清洗”“吹风”“坐圈加热”三大主要功能进行开发和应用。对于高质量的产品来说，清洗性能、吹风性能、坐圈加热性能这三个核心指标，都需要符合 GB/T 23131—2019 标准中的 A 级。

（1）冲洗清洁护理功能：早期产品利用水压将喷嘴顶出，冲洗后利用弹簧拉回，由于水嘴较细，不适用于水质差的地区，同时没有多种水流变换装置。近年来，厂家根据需求在喷射水路上进行了深度开发和研究，开发出由电气驱动控制的通过多种形态水流（如螺旋形状水流、气水断续增压形式水流等）击打人体表面，以带来不同的体验感受。目前，该部件主要是通过喷枪水道、喷嘴角度、喷洗力度、喷射形态来满足使用者的多种需求，进而达到良好的洗净效果。

（2）吹风干燥功能：主要是利用暖风烘干，达到清洁护理结束后快速干燥皮肤的目的。产品主要使用电控定位多向或双向吹风和大功率速热吹风来达到烘干效果。该组件可利用风管将暖风定向输送到指定位置，定点烘干指定部位，也可利用双出风口大风量整体送风至指定面积烘干，还可利用单风道大功率完成人体皮肤干燥。

（3）坐圈加热功能：通过使用者落座的短暂时间迅速加热坐圈并且使坐圈温度均匀，满足使用者的舒适要求。主要应用技术有保温技术和迅速加热技术。早期有些大水箱产品使用热辐射原理加热坐圈，现在通常使用电热丝均匀加热坐圈。其中，比较突出的技术是铝膜和优质电热丝均匀高密度分布，使坐圈达到温度均衡、迅速加温的效果。

近年来，电坐便器产品还新出现了健康数据采集分析功能，该功能主要是通过人体腿部动脉测量身体数据，通过排泄物采集人体标本进行分析和检测人体机能状态。这项技术最早源于航天员的人体监测技术，经过近

年来技术的不断发展，已逐渐用于民用领域，成为未来电坐便器技术发展的新趋势。

三、工作原理及产品分类

（一）产品工作原理

目前，国内市场中的电坐便器从水加热方式上主要为储水式和即热式两种。

储水式电坐便器水箱占据比较大的空间，而外形体积相对即热式电坐便器要大一些。其工作原理是：先将水注入水箱，将储水箱里的水加热到设定温度，同时便圈也加温到预定温度并始终处于保温状态，待人着座后，启动冲洗功能。喷枪由电机（或水压）驱动，在完成自清洁程序后伸出机体外，冲洗水流在水泵（或水压）作用下由腔体内结构通道和预定孔喷射出腔体，待清洗完后喷枪收回并除菌清洗，烘干后人体离座。

近年来，随着出水温度稳定性技术的突破，即热式电坐便器迅速发展并占领了市场。其原理是高功率发热体在一个极小的水容器中将水迅速加热，并在水喷射时持续保持出水温度，其他原理与储水式电坐便器基本相似，但整体体积比储水式电坐便器小很多，可以保持长时间温水冲洗。

电坐便器通常安装在独立卫生间或卫浴一体间内使用，产品结构依照马桶结构或马桶安装位置设计，零部件体积小巧、结构紧凑。产品部件如图 2.4 所示，主要由以下部件组成：水压调节阀、水泵、水箱加热组件、坐圈加热组件、喷嘴驱动电机、坐圈盖驱动组件、吹风烘干组件、除臭组件、除菌组件、夜间照明组件、音乐播放、主控制组件、感知组件、无线遥控组件等。这些部件之间通过多条电路、水路连接，其结构难以实现总装生产线自动化，生产厂总装线以人工装配为主。由于使用环境和安装位置及美观等方面的要求，电器隔间内结构十分紧凑并且大部分产品水路、电路同时处于同一间室内。这样的结构对各部件工艺提出了更高的精度要求，也给生产线上的工人装配增加了难度。

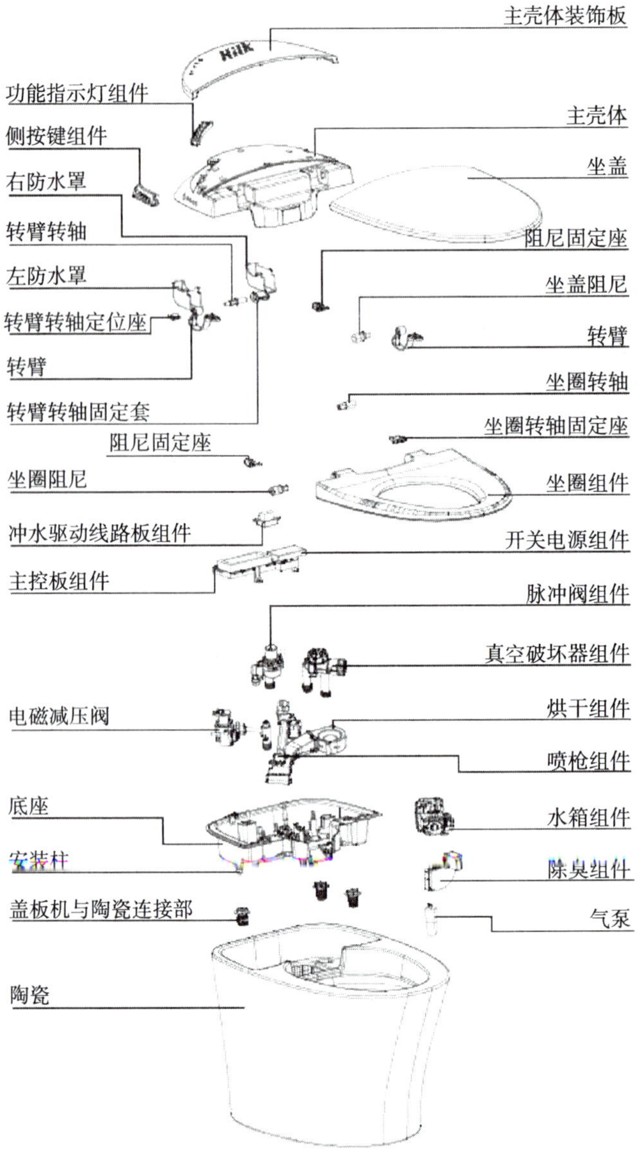

主壳体装饰板
功能指示灯组件
主壳体
侧按键组件
坐盖
右防水罩
转臂转轴
阻尼固定座
左防水罩
坐盖阻尼
转臂转轴定位座
转臂
转臂
坐圈转轴
转臂转轴固定套
坐圈转轴固定座
阻尼固定座
坐圈阻尼
坐圈组件
冲水驱动线路板组件
开关电源组件
主控板组件
脉冲阀组件
真空破坏器组件
电磁减压阀
烘干组件
喷枪组件
底座
水箱组件
安装杆
除臭组件
盖板机与陶瓷连接部
气泵
陶瓷

图 2.4　电坐便器产品部件图

（二）产品分类

（1）按控制方式分为：

——普通式：手动控制、机械控制、半自动控制和全自动控制模式运行；

——智能式：带有感知能力、学习能力和记忆能力。

（2）按水加热方式分为：

——即热式：清洗用水流过发热体瞬间加热的方式；

——储水式：带有加温水箱，依靠电热元件加温和保温水箱内冲洗用水；

——其他。

（3）按功能形式分为：

——带有吹风功能；

——带有坐圈加热功能；

——带有喷嘴自清洁功能；

——带有抗菌功能；

——带有环境除臭功能；

——其他。

四、行业主要品牌

早期电坐便器产品中韩国和日本品牌居多。近年来，国内企业迅速发展，涌现出一批行业的领军品牌。目前，我国电坐便器生产厂家近百家，主要分布在台州、衢州、杭州、厦门、佛山、上海、苏州、西安等地区。国内电坐便器主要品牌见表2.1，国外电坐便器主要品牌见表2.2。

表 2.1 国内电坐便器主要品牌

品牌名称	产地	主要产品类型
箭牌	佛山	普通即热电坐便器、普通储水电坐便器、普通即热电便座、普通储水电便座、舒乐智能产品、蹲便器、小便器、陶瓷盆、浴室配件、整体空间系列、定制空间系列等
九牧	南安	普通即热电坐便器、普通储水电坐便器、普通即热电便座、普通储水电便座、浴室套装、智能产品、坐便器、配件、浴缸等
惠达	唐山	普通即热电坐便器、普通储水电坐便器、普通即热电便座、普通储水电便座、坐便器、浴缸、陶瓷、感应智能产品等
恒洁	佛山	普通即热电坐便器、普通储水电坐便器、普通即热电便座、普通储水电便座、坐便器、淋浴房、水槽、便器、智能产品等
怡和	台州	普通即热电坐便器、普通储水电坐便器、普通即热电便座、普通储水电便座、智能产品等
洗尔康	衢州	普通即热电坐便器、普通储水电坐便器、普通即热电便座、普通储水电便座、智能产品等
瑞尔特	厦门	普通即热电坐便器、普通储水电坐便器、普通即热电便座、普通储水电便座、挂式水箱感应冲水器、感应龙头、智能产品等
便洁宝	台州	普通即热电坐便器、普通储水电坐便器、普通即热电便座、普通储水电便座、智能产品等
特洁尔	台州	普通即热电坐便器、普通储水电坐便器、普通即热电便座、普通储水电便座、智能产品等
洗之朗	西安	普通即热电便座、普通储水电便座、智能产品配件

表 2.2 国外电坐便器主要品牌

品牌名称	国别	主要产品类型
乐家	西班牙	普通即热电坐便器、普通储水电坐便器、普通即热电便座、普通储水电便座、智能产品、浴缸、淋浴房、厨房水槽、配件、安装系统等
伊奈	日本	普通即热电坐便器、普通储水电坐便器、普通即热电便座、普通储水电便座、智能产品、陶瓷坐便器、浴盆、配件、淋浴系统等
美标	日本	普通即热电坐便器、普通储水电坐便器、普通即热电便座、普通储水电便座、智能产品、陶瓷坐便器、浴盆、配件、淋浴系统等
TOTO	日本	诺瑞斯特系列普通即热电坐便器、普通储水电坐便器、卫洗丽系列普通即热电便座、普通储水电便座、智能产品、浴缸、配件等
松下	日本	普通即热电坐便器、普通储水电坐便器、普通即热电便座、普通储水电便座、智能产品、住宅设备家电等
东芝	日本	普通即热电坐便器、普通储水电坐便器、普通即热电便座、普通储水电便座、电子元器件、家庭用品、健康产品等
科勒	美国	普通即热电坐便器、普通储水电坐便器、普通即热电便座、普通储水电便座、坐便器、浴室配件、瓷砖石材、浴室龙头、浴缸、智能产品等
杜拉维特	德国	普通即热电坐便器、普通储水电坐便器、普通即热电便座、普通储水电便座、龙头、浴缸、智能产品等
爱信精机	日本	普通即热电坐便器、普通储水电坐便器、普通即热电便座、普通储水电便座、汽车零部件、家居生活等相关产品
衡陶	日本	普通即热电坐便器、普通储水电坐便器、普通即热电便座、普通储水电便座、洗手盆、浴缸、淋浴房、淋浴系统等
Janis	日本	普通即热电坐便器、普通储水电坐便器、普通即热电便座、普通储水电便座等
熊津	韩国	普通即热电便坐、普通储水电便座、净水机、空气净化器等
诺维达	韩国	普通即热电便座、普通储水电便座、水热毯、空气净化器等
爱真	韩国	普通即热电便座、普通储水电便座、通便系列、家庭助便系列等
大元	韩国	普通即热电便座、普通储水电便座等

第二节 技术领域

一、产品专利情况

据统计，在1980年—2008年电坐便器国际专利申请中（见图2.5），日本申请的专利占据近四成，这表明日本在该类产品研发技术方面具有显著优势。

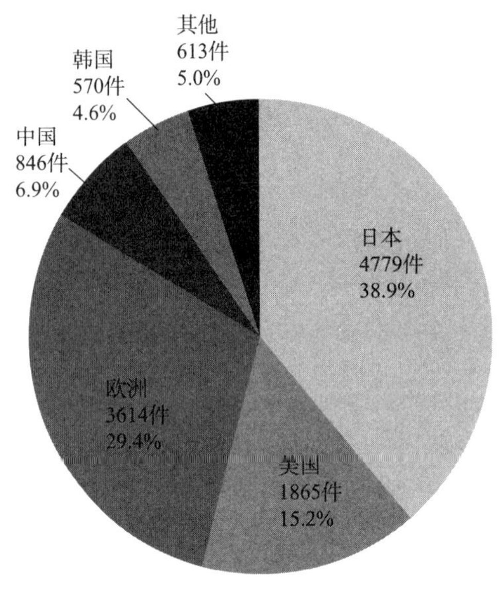

数据来源：日本专利所2010年专利申请技术动向调查

图2.5 1980年—2008年电坐便器国际专利申请情况

2008年以后，随着中国电坐便器行业的突飞猛进，至2017年的近10年间，中国的专利公开数据稳步上升，其中，2013年国内专利公开数与2008年相比多了1倍，2017年较2013年国内专利公开数量多了1.2倍。远超美国、日本、韩国三个发达国家专利数量（见图2.6）。到2017年，

中国已成为电坐便器领域拥有技术专利最多的国家。

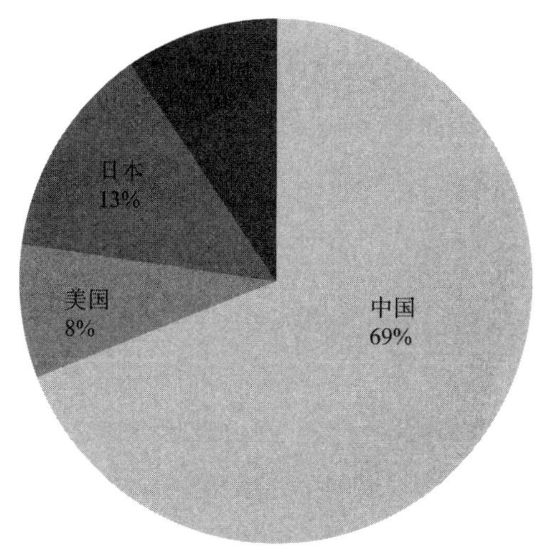

数据来源：国家专利局

图 2.6　2017 年电坐便器主要制造国家专利公开情况

二、技术发展趋势

电坐便器行业的快速发展及市场竞争的加剧，促进了相关产品的技术快速创新。电坐便器行业乃至整个卫浴行业竞争激烈，品牌集中度不断提升；电坐便器产品正在由清洁功能为主，向智能化、环保节能、康复保健等多功能集成方向发展。同时，产品的宣传推广力度也不断增强，从而提高了产品在消费者中的认知度和品牌影响力。

电坐便器未来的主要技术发展将围绕电器安全、健康安全和新材料应用展开，不断提升用户的体验感和满意度。

（一）电器安全

由于电坐便器在潮湿的环境下使用，且基本功能和辅助功能越来越丰富和完善，它涉及的电器安全要求会越来越多。因此，国际电工委员会（IEC）也越来越重视其电器安全的标准化工作。目前，IEC 60335-2-84

第 3 版正在修订过程中，且未来的标准修订和更新会更为频繁。我国会及时跟进和转化最新国际标准。同时，也通过我们的科研和应用场景研究，将不同地域、不同文化和不同消费习惯等造成的产品差异和安全隐患，通过国际标准进一步加以规范，避免新产品在结构设计上存在隐患和风险。

（二）健康安全

电坐便器的温水洗净功能和暖风功能可以有效清洁人体上的残留物，有效预防各种细菌的感染；同时随着材料科技的发展，各种抗菌材料的应用也为产品提供了抑菌功能，对保护消费者的健康提供了坚实的保证。另外，随着智能传感技术与健康功能的加速融合，人体生理指标的测试和记录以及大数据分析，将对人体健康管理提供技术支撑。

（三）新材料应用

电坐便器使用的功能材料主要以抗菌、防霉为主，但是卫生间环境中也存在着病毒、过敏原等其他生物类污染，在与人体皮肤接触时易造成感染。目前功能材料在抗菌、防霉的基础上，逐步发展到抗病毒、抗过敏原等新功能，这些新功能材料在净化器滤网中已开始应用，相信随着电坐便器产品的技术升级，后续将逐步应用于电坐便器。

在科学技术飞速发展的今天，家用电器产品的绿色健康属性已经成为产业健康发展的必然趋势，如常用的胶片相机迅速被电子相机取代。电坐便器是电器与陶瓷结合的产品，具有健康、智能的产品功能属性，如除臭、抗菌、人体生物指标监测分析、自动开合坐盖坐垫、自动排污、模拟人体习惯、分析使用者生活规律，自动编写配合程序等，这些新型的电坐便器产品将成为卫浴电器行业一颗冉冉的新星。

第三节　标准领域

一、安全标准

我国电坐便器产品的电器安全执行的是 GB 4706. 53—2008《家用和类似用途电器安全　坐便器的特殊要求》（新版修订标准处于报批阶段）与 GB 4706. 1—2005《家用和类似用途电器安全　第 1 部分：通用要求》，这两项标准分别等同于 IEC 60335-2-84：2005（Ed2. 1）《家用和类似用途电器的安全　第 2-84 部分：坐便器的特殊要求》和 IEC 60335-1：2004（Ed4. 1）《家用和类似用途电器安全　第 1 部分：通用要求》。

在安全标准方面，现行的最新国际标准为 IEC 60335-2-84：2013（ED2. 2），IEC 60335－2－84 ED3. 0 正在制定中；我国现行 GB 4706. 53-2008 等同采用的是 IEC 60335-2-84：2008（ED2. 1），同时已完成对 IEC 60335-2-84：2013（ED2. 2）的转化工作，目前处于报批阶段。在第 2. 2 版、第 3. 0 版修订过程中，主要增加了冲洗坐圈的范围、术语及相关要求，也体现了产品的市场发展趋势。表 2. 3 列示了 3 个版本的技术差异。

表 2. 3　IEC 60335-2-84 第 2. 1、2. 2 与 3. 0 版本差异

差异章节	IEC 60335-2-84：2013（ED2. 2）与 IEC 60335-2-84：2008（ED2. 1）差异	差异章节	IEC 60335-2-84 ED3. 0 与 IEC 60335-2-84：2013（ED2. 2 差异）
1	第 1 章增加了坐便器“或冲洗、烘干人体某些部位”的适用范围，并给出类型举例；原“冲洗组件”在全部文本中修改为“冲洗坐圈”	—	—
3	3. 105 增加“冲洗坐圈”定义	3	第 3 章中 3. 101～3. 105 重新编号为 3. 5. 101～3. 5. 105
5	5. 2 增加“单独的器具上不进行 31. 101 的试验”； 5. 3 增加“31. 101 的试验在第 8 章的试验前进行”	—	—

表 2.3（续）

差异章节	IEC 60335-2-84：2013（ED2.2）与 IEC 60335-2-84：2008（ED2.1）差异	差异章节	IEC 60335-2-84 ED3.0 与 IEC 60335-2-84：2013（ED2.2 差异）
6	6.1 增加“冲洗坐圈应为 I、II 或 III 级器具”； 6.2 要求冲洗坐圈及加热坐圈应至少为 IPX4	—	—
—	—	7	7.101、22.103、27.1 和第 31 章中的注释改为正文； 7.12.1 中与 7.101 中器具上的标识对应，更新了器具安装说明的要求
21	21.101 试验中对器具施加的力由 250N 改为 150N； 21.103 增加了对冲洗坐圈和加热坐圈、机箱等机械强度的要求	21	21.105 和附录 R 中增加了带有可编程电子电路的器具的要求
22	22.44 增加对器具裸露加热元件的要求	—	—
24	24.101 增加“冲洗坐圈中符合 19.13 的热熔体与热断路器”的结构要求	—	—
31	31.101 增加坐便器对清洁剂和尿液的防锈能力的要求及试验方法	—	—

二、性能标准

在产品性能方面，电坐便器主要依据 GB/T 23131，新版 GB/T 23131—2019《家用和类似用途电坐便器便座》于 2019 年 10 月 1 日起实施。

国际性能标准方面，由于电坐便器行业主要集中在日本、中国和韩国等亚洲国家，因此国际标准的制修订也是以亚洲国家为主导。目前，关于产品性能的国际标准 IEC 62947-1《家用和类似用途电动冲洗便座》（Electrically operated spray toilet seats for household and similar use）第 1 版正在制定中，目前处于 FDIS 阶段，暂无现行的电坐便器性能国际标准。

IEC 62947-1 是家用和类似用途电坐便器产品性能测试方法标准。该标准从清洗性能、坐圈加热性能、暖风干燥性能、用电量和用水量五个方面

规定了相应的测试方法。与 GB/T 23131—2019 相比，缺少了对耐久性、抗菌防霉、除菌、除异味等项目的考核方法。

IEC 62947-1 中清洗性能的测试项目有：清洗温度、清洗流量、清洗强度、清洗面积、清洁率和喷嘴自清洁。其中，清洗温度、清洗流量测试方法与 GB/T 23131—2019 中的测试方法相似。IEC 62947-1 中清洁率测试方法在最近的工作组会议中被取消，接下来将研究和验证新的方法。GB/T 23131—2019 中无清洗强度、清洗面积、喷嘴自清洁测试项目。

IEC 62947-1 中坐圈加热性能测试项目有：坐圈表面温度均匀性和坐圈温升响应时间。其中，坐圈表面温度均匀性测试方法与 GB/T 23131—2019 中测试方法相似，但坐圈表面温度测点不同，IEC 62947-1 中的坐圈表面温度测点为 30 个点，而 GB/T 23131—2019 中的坐圈表面温度测点为 10 个点。GB/T 23131—2019 中无坐圈温升响应时间测试项目。

IEC 62947-1 中暖风干燥性能测试项目有：干燥风量、干燥温度、干燥效率。其中，干燥风量和干燥温度与 GB/T 23131—2019 的测试方法相同。GB/T 23131—2019 无干燥效率项目，增加了干燥噪声项目。

IEC 62947-1 中用电量分为：清洗用电量、坐圈加热用电量、暖风干燥用电量 3 项，各个功能用电量分别测试。GB/T 23131—2019 中的用电量是在标准运行模式下，将清洗用电量、坐圈加热用电量和暖风干燥用电量累加在一起合并计算。

IEC 62947-1 中用水量的测试方法与 GB/T 23131—2019 中用水量的测试方法类似。

三、国内外相关标准汇总

有关电坐便器产品的中国及国际/国外标准情况见表 2.4。

表 2.4 国内外电坐便器相关标准情况

序号	标准编号和名称	采标情况	主要内容
国内标准			
1	GB 4706.1—2005《家用和类似用途电器的安全 第1部分：通用要求》	等同采用 IEC 60335-1：2004	GB 4706 是家用和类似用途电器的安全系列强制性标准，分为近百个部分，第 1 部分是通用要求，其他部分为特殊要求，特殊要求与通用要求配合使用，是家用电器必须满足的安全标准。 坐便器的安全对应的是第 53 部分，标准涉及器具的分类、标志和说明、对触及带电部件的防护、输入功率和电流、发热、泄漏电流和电气强度、瞬态过电压、耐潮湿、耐久性、非正常工作、稳定性和机械危险、机械强度、结构、接地、耐热耐燃、防锈、辐射、毒性和类似危险等安全要求
2	GB 4706.53—2008《家用和类似用途电器的安全 坐便器的特殊要求》	等同采用 IEC 60335-2-84：2005（Ed 2.0）	
3	GB 21551.1—2008《家用和类似用途电器的抗菌、除菌、净化功能通则》	无	GB 21551 是家用和类似用途电器的健康安全类系列强制性标准，分为若干部分，第 1 部分是通用要求，其他部分为特殊要求，特殊要求与通用要求配合使用，是家用电器必须满足的健康方面的标准。该系列标准主要涉及器具或材料在抗菌、除菌、防霉等方面的要求
4	GB 21551.2—2010《家用和类似用途电器的抗菌、除菌、净化功能 抗菌材料的特殊要求》	无	

表 2.4（续）

序号	标准编号和名称	采标情况	主要内容
国内标准			
5	GB/T 23131—2019《家用和类似用途电坐便器便座》	无	该标准于 2019 年 3 月 25 日发布，2019 年 10 月 1 日实施，相较 GB/T 23131—2008 有较大的调整，主要是根据产品的发展情况完善了清洗性能，增加了吹风性能和坐圈加热性能两大核心指标，增加了器具用水量、抗菌、防霉等要求，并完善了用电量、耐久性等指标，能够更加全面考核产品性能
6	GB/T 34549—2017《卫生洁具　智能坐便器》	无	该标准规定了智能坐便器的术语和定义、分类、通用要求、使用功能、性能要求、电气安全、试验方法、检验规则、标志和标识、安装使用说明书、包装、运输和贮存
7	JG/T 285—2010《坐便器洁身器》	无	该标准为住房和城乡建设部行业标准，主要规定了坐便洁身器的暖风、温度、冲洗性能、工作噪声等技术要求和试验方法。不过没有耐久性、用水量等指标
国外和国际标准			
8	IEC 60335-1:2016《家用和类似用途电器的安全　第 1 部分：通用要求》	无	IEC 60335 是家用和类似用途电器的安全系列标准，由国际电工委员会的家用和类似用途电器安全技术委员会（IEC/TC 61）负责制定，并被世界各国采用作为国家安全标准。我国的 GB 4706 系列标准就是基本等同采用了 IEC 60335 系列标准。 坐便器的安全对应的是第 84 部分。标准涉及器具的分类、标志和说明、对触及带电部件的防护、输入功率和电流、发热、泄漏电流和电气强度、瞬态过电压、耐潮湿、耐久性、非正常工作、稳定性和机械危险、机械强度、结构、接地、耐热耐燃、防锈、辐射、毒性和类似危险等安全要求
9	IEC 60335-2-84:2013《家用和类似用途电器的安全　第 2-84 部分：坐便器的特殊要求》	无	

表 2.4（续）

序号	标准编号和名称	采标情况	主要内容
国外和国际标准			
10	IEC 62947-1《家用和类似用途电动冲洗便座》	无	该标准第 1 版正在制定中
11	JIS 4422：2011《温水洗净便座》	无	该标准为日本电坐便器产品标准。日本标准发布时间距今已有 8 年时间，有些考核指标已经不能全面反映现在电坐便器的性能水平，与 GB/T 23131—2019 相比，其缺少了一些关于产品使用性能指标的考核，如出水温度的稳定性、出水温度的响应时间、吹风噪声、坐圈温度的稳定性、抗菌防霉等指标

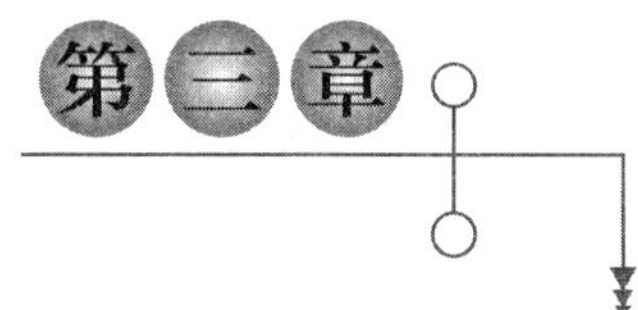

洁身器具产品质量评价

产品质量的好坏直接关系到消费者的使用安全和使用效果，同时它也对生产企业的生存发展起着决定性作用。根据产品特点，对产品质量制定出科学有效的评价方法、要求或指标，是保证产品质量的前提。科学合理的产品质量评价方法不仅能够为产品的设计、制造和检验提供技术支撑，也为产品持续改进和技术革新指明方向；同时还能够为市场监管部门的执法提供有效的技术手段，进而规范市场行为和促进行业的健康发展，使消费者可以放心地选购和使用产品。

GB/T 23131—2019《家用和类似用途电坐便器便座》对电坐便器产品提出了科学合理的技术要求和试验方法。这些技术要求和试验方法的确立，是指导制造企业设计、生产、检验电坐便器产品质量的重要技术文件，也是检测、认证机构开展产品质量检测的依据，更是相关部门开展市场监管的重要技术支撑。

电坐便器产品的质量评价主要分两个方面：产品安全性评价和产品功能性评价。

（1）产品的安全性是指使用者在充分阅读使用说明，并在产品正常使用、维护保养和维修过程中，产品不应让使用者和维修人员处于危险环境中，器具应符合 GB 4706.1—2005《家用和类似用途电器的安全　第 1 部分：通用要求》和 GB 4706.53—2008《家用和类似用途电器的安全　坐便器的特殊要求》的要求。

（2）电坐便器的功能性体现了产品实现预定功能的能力，反映了设计的实用程度，也就是使用者常说的这个产品好不好用，是否能给使用者带来预期的感受。电坐便器是一种体验感很强的产品，能够改善使用者的如厕体验，呵护健康，提升用户的生活品质。

第一节　安全性评价

电坐便器由电源、进水、加热、冲洗、吹风干燥、坐圈加热、控制系统等模块组成。该产品功能多、体积小、内部结构十分紧凑（如图 3.1 所示）。由于电坐便器产品结构水电一体，并且加热后的水与人体直接接触，同时坐圈部分加热功能长期工作，且产品在高温高湿的卫生间环境中，故对产品的安全要求更高，所以，对生产企业的研发能力、制造工艺和检验能力的要求均较高。

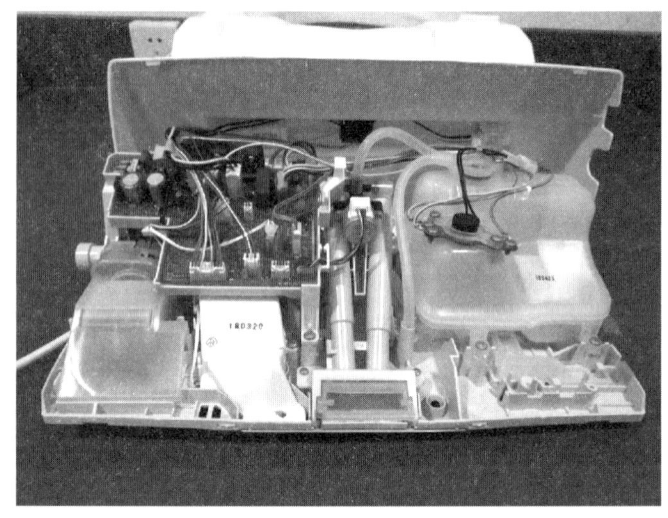

图 3.1　电坐便器内部结构实物图

GB 4706.1—2005《家用和类似用途电器的安全　第 1 部分：通用要求》和 GB 4706.53—2008《家用和类似用途电器的安全　坐便器的特殊要求》对电坐便器的安全性提出了具体的技术要求。符合上述标准要求的电

坐便器产品，意味着在制造商规定的使用说明条件下，按正常使用时或使用中可能出现的非正常情况，器具的电气、机械、热、火灾以及辐射等危险防护能够达到一个国际可接受的水平。产品的安全性符合上述标准要求是对电坐便器质量的底线要求，是产品使用功能的基础，是产品制造销售的门槛，是对使用者人身财产安全的保障。

一、防触电

对触及带电部件的防护，通俗地讲即是防触电。防触电保护是防止人体因触及电器产品的带电部件导致触电伤亡而采取的保护措施。在进行产品设计时，防触电保护可按照直接保护和间接保护两种方式进行设计。直接保护主要是通过电器产品的外壳隔离实现防止触及带电部件，从而达到防触电目的；间接防触电保护主要是通过电器产品采用特低电压供电和双层绝缘或加强绝缘来达到间接防触电目的，也可以采用自动保护装置，一旦发生故障，能在短时间内自动切断电源，使电器产品不会发生带电伤人。

家用电器的绝缘分为基本绝缘、附加绝缘、双重绝缘、加强绝缘四大类。基本绝缘是施加于带电部件对电击提供基本防护的绝缘，是用于防止触及带电部件的初级防护。附加绝缘是万一基本绝缘失效，为了对电击提供防护，而施加的除基本绝缘以外的独立绝缘。也就是说，附加绝缘是为防止触及带电部件，在基本绝缘外，另加的一层独立的绝缘防护。由基本绝缘和附加绝缘构成的绝缘称为双重绝缘。换言之，双重绝缘是由基本绝缘和附加绝缘组成的防触电保护措施，加强绝缘是等效于双重绝缘的防电击等级，而施加于带电部件上的单一绝缘。加强绝缘可以是一种绝缘材料，也可以由几层或几种紧密连接的单质绝缘体组成。

在电击防护方面，家用电器分为0类、0Ⅰ类、Ⅰ类、Ⅱ类、Ⅲ类五种类型的防触电保护等级。

0类器具是其电击防护仅依赖于基本绝缘的器具。0类器具没有附加的绝缘防护，也没有接地防护，万一基本绝缘失效，其电击防护只能依赖于环境。

0I 类器具是至少整体具有基本绝缘并带有一个接地端子的器具，但其电源软线不带接地导线，插头也无接地插脚。器具与大地连接是由器具外壳上的接地端子通过外接接地导线完成的，该措施设置的目的是在器具基本绝缘失效以后，使用者不受到电击的危险。

I 类器具是其电击防护不仅依靠基本绝缘而且包括一个附加安全防护措施的器具。其防护措施是将易触及的导电部件连接到设施固定布线中的接地保护导体上，以使得万一基本绝缘失效，易触及的导电部件不会带电。

Ⅱ类器具是指其电击防护不仅依靠基本绝缘，而且提供如双重绝缘或加强绝缘那样的附加安全防护措施的器具。该类器具没有保护接地或依赖安装条件的措施。

Ⅲ类器具是依靠安全特低电压的电源来提供对电击的防护，且其产生的电压不高于安全特低电压的器具。安全特低电压是指导线之间以及导线与地之间不超过 42 V 的电压，空载电压不超过 50 V，该电压与高于该电压的导线是通过隔离变压器或完全分离的转换器获得的，变压器或转换器高低压之间符合双重绝缘或加强绝缘的要求。

电流流过人的身体时，人体会产生各种反应。首先人能感知到电流的存在，随着电流的增大，会依次引起人的肌肉收缩、呼吸困难，直至产生心室纤维颤动，导致心搏停止。研究表明，心室纤维颤动是致命的，因为它会拒绝输送需要氧的血液的流动。心室纤维颤动是导致触电死亡的重要原因。GB/T 13870. 1—2008《电流对人和家畜的效应　第 1 部分：通用部分》给出了电流途经一只手到双脚的人体电流与时间的效应，如图 3. 2 所示。对图 3. 2 区域的简要说明见表 3. 1。

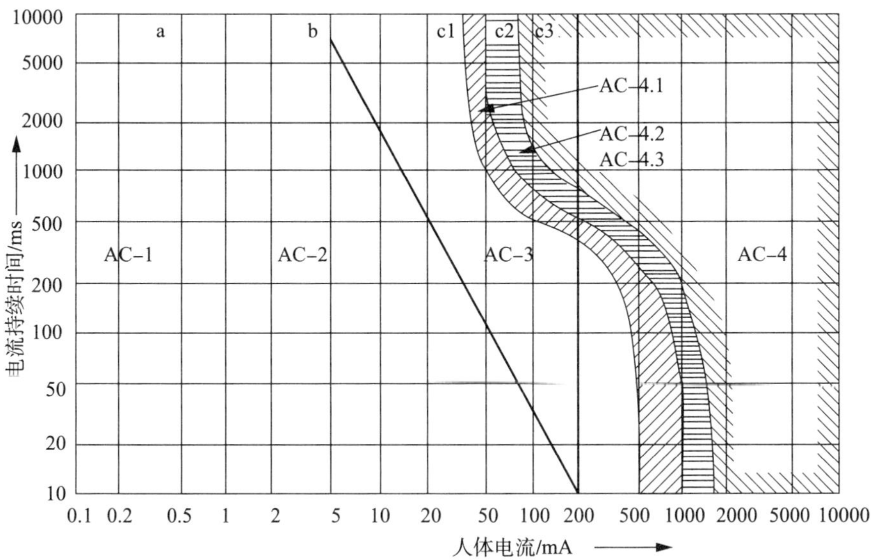

图 3.2 正弦交流电（15 Hz~100 Hz）的电流/时间效应分区

表 3.1 一只手到双脚的通路，交流 15 Hz~100 Hz 的时间/电流区域

区域	范围	生理效应
AC-1	0.5 mA 的曲线 a 的左侧	有感知的可能性，但通常没有被“吓一跳”的反应
AC-2	曲线 a~曲线 b	可能有感知和不自主的肌肉收缩但通常没有有害的电生理效应
AC-3	曲线 b~曲线 c	可强烈地不自主的肌肉收缩。呼吸困难。可逆性的心脏功能障碍。活动一直可能出现，随着电流幅而加剧的效应。通常没有预期的器官损坏
AC-4[a]	曲线 c1 以上	可能发生病理-生理学效应，如心搏停止、呼吸停止以及烧伤或其他细胞的破坏。心室纤维性颤动的概率随着电流的幅度和时间增加
	c1~c2	AC-4.1 心室纤维性颤动的概率增到大约 5%
	c2~c3	AC-4.2 心室纤维性颤动的概率增到大约 50%
	曲线 c3 的右侧	AC-4.3 心室纤维性颤动的概率超过 50%

[a] 电流的持续时间在 200 ms 以下，如果相关的阈被超过，心室纤维性颤动只有在易损期内才能被激发。关于心室纤维性颤动，图 3.2 与从左手到双脚的路径中流通的电流效应相关，对于其他电流路径，应考虑心脏电流系数。

电击对人体的危害程度，主要取决于通过人体电流的大小和通电时间长短。电流强度越大，致命危险越大；持续时间越长，死亡的可能性越大。能引起人感觉到的最小电流值称为感知电流，交流为 1 mA，直流为 5 mA；人触电后能自己摆脱的最大电流称为摆脱电流，交流为 10 mA，直流为 50 mA；在较短的时间内危及生命的电流称为致命电流，致命电流为交流 50 mA。在有防触电保护装置的情况下，人体允许通过的电流一般为 30 mA。

这里需要解释一下，为什么人在触电时会难以摆脱电源。因为人体在触电时，肌肉被刺激，就会导致蜷缩，只不过这种行为是本能的，不经过大脑。当手掌在接触到电源时，手就会自动握拳；而手臂触电后，手臂就会向内蜷缩。如果手臂外侧触碰到电源，那么就会反方向“弹开”，本能地脱离电源。但如果是手掌心或者手指内侧触电后电流刺激肌肉引起痉挛，触电者就会抓紧电线，导致无法脱离触电的状态。并且电流会使身体麻木，触电时间越久，把手伸展放开电源的可能性就越小。所谓的人体被“吸住”，其实是人体受到电击后的本能反应——自己抓住了电源。

电坐便器功能复杂，结构紧凑，又是涉水产品，一旦出现漏电现象，极易引发安全事故。GB 4706.1—2005《家用和类似用途电器安全　第 1 部分：通用要求》和 GB 4706.53—2008《家用和类似用途电器安全　坐便器的特殊要求》对电坐便器防触电保护从对触及带电部件的防护、工作温度下的泄漏电流和电气强度、耐潮湿、非正常工作、结构、接地措施、电气间隙、爬电距离和固体绝缘等几部分提出了要求，保证了器具的用电安全。

电坐便器对触及带电部件的防护要求是：器具的结构和外壳应使其对意外触及带电部件有足够的保护。本部分设置的目的是为了防止使用者在使用和维护器具时，由于触及带电部件或基本绝缘失效导致触电事故的发生。

电坐便器在正常使用时加热的水会直接与人体接触，很多消费者担心会出现触电风险。器具工作温度下的泄漏电流和电气强度就是从这方面对器具提出了要求，保证了使用者的安全。电坐便器工作温度下的泄漏电流和电气强度设置要求是：在工作温度下，器具的泄漏电流不应过大，而且电气强度应满足要求。器具的泄漏电流是指在没有故障施加电压的情况下，器具中相互绝缘的金属零件之间，或带电零件与接地零件之间，通过周围介质或绝缘表面所形成的电流。泄漏电流越小说明器具越安全。国内电坐便器的使用电压为220 V，电气强度满足器具的基本绝缘应能够经受频率为50 Hz、电压为1000 V、历时1 min不被击穿；附加绝缘应能够经受频率为50 Hz、电压为1750 V、历时1 min不被击穿；加强绝缘应能够经受频率为50 Hz、电压为3000 V、历时1 min不被击穿。

在国内的大部分卫生间结构还没有做到干湿分离，电坐便器在使用和维护保养过程中避免不了与水接触，残留水易导致器具的爬电距离和电气间隙下降，对器具的电气绝缘产生有害的影响，使器具与水接触后漏电风险增加。所以电坐便器的耐潮湿条款要求中规定，电坐便器的外壳防护等级应为IPX4，确保不会给使用者带来伤害。

防护等级多以IP后跟随两个特征数字来表述防护的等级，如不要求规定特征数字时，用字母“X”代替。两个特征数字中，第一位数字表明设备抗微尘的范围，或者是人们在密封环境中免受危害的程度，代表防止固体异物进入的等级，最高级别是6（见表3.2）；第二位数字表明设备防水的程度，代表防止进水的等级，最高级别是8（见表3.3）。IPX4表示对器具外壳的防尘等级没有规定，防水等级为防溅水。

表 3.2 第一位特征数字所表示的对接近危险部件的防护等级

第一位特征数字	防护等级	
	简要说明	含义
0	无防护	—
1	防止手背接近危险部件	直径 50 mm 球形试具应与危险部件有足够的间隙
2	防止手指接近危险部件	直径 12 mm，长 80 mm 的铰接试指应与危险部件有足够的间隙
3	防止工具接近危险部件	直径 2.5 mm 的试具不得进入壳内
4	防止金属线接近危险部件	直径 1.0 mm 的试具不得进入壳内
5	防止金属线接近危险部件	直径 1.0 mm 的试具不得进入壳内
6	防止金属线接近危险部件	直径 1.0 mm 的试具不得进入壳内

表 3.3 第二位特征数字所表示的防止水进入的防护等级

第二位特征数字	防护等级	
	简要说明	含义
0	无防护	—
1	防止垂直方向滴水	垂直方向滴水应无有害影响
2	防止当外壳在 15°范围内倾斜时垂直方向滴水	当外壳的各个垂直面在 15°范围内倾斜时，垂直水滴应无有害影响
3	防淋水	各垂直面在 60°范围内淋水，无有害影响
4	防溅水	向外壳各方向溅水无有害影响
5	防喷水	向外壳各方向喷水无有害影响
6	防强烈喷水	向外壳各方向强烈喷水无有害影响
7	防短时间浸水影响	浸入规定压力的水中经规定时间后外壳进水量不致达有害程度
8	防持续潜水影响	按生产厂和用户双方同意的条件（应比特征数字为 7 时严酷）持续潜水后外壳进水量不致达有害程度

电坐便器长期在高温高湿的密闭环境下使用，容易导致器具的绝缘能

力下降，触电的风险增加。GB 4706.53—2008《家用和类似用途电器的安全 坐便器的特殊要求》中规定，电坐便器应进行48h的耐潮湿试验，用标准的环境试验箱模拟产品在正常使用过程中可能出现的环境状况。耐潮湿试验结束后，器具的泄漏电流不应过大，并且电气强度应符合要求。本部分考核了电坐便器在使用中可预见的潮湿条件下，应具有足够的绝缘能力，以对使用者的人身安全提供充分的保护。

标准中对电坐便器非正常工作要求如下：器具的结构，应消除非正常工作或误操作导致的电击防护的机械性损坏。电子电路的设计和应用，应使其任何一个故障情况都不对人体产生电击危险。器具以额定电压供电并在正常工作状态下运行，施加能够预料的任何故障状态，每次试验只模拟一种故障。

从目前国内市场来看，具有温水清洗功能的电坐便器均是Ⅰ类器具。Ⅰ类器具是指其电击防护不仅依靠基本绝缘，而且包括一个附加安全防护措施的器具。其防护措施是将易触及的导电部件连接到建筑物固定布线中的接地保护导体上，起到万一基本绝缘失效，易触及的导电部件不会带电。

接地措施是电坐便器对人体防触电安全的重要保护系统，GB 4706.53—2008《家用和类似用途电器的安全 坐便器的特殊要求》对器具接地措施从接地应永久并可靠地连接到器具内的一个接地端子和接地端子之间要连接良好，并且接地电阻不得大于0.1 Ω两方面提出了要求，为电坐便器的安全使用提供了保障。

电坐便器的安装应有良好的接地，当建筑物无接地线时，安装人员有权拒绝安装，或与用户协商采取正确、有效的接地措施或可靠的安全措施后方可安装。避免因电坐便器没有可靠的接地措施，器具与水接触的带电部件出现漏电现象后，电流会通过水接触到人体，对人体产生电击伤害。

电坐便器安装前应检查电源开关，并用测电仪表检测电源插座，确保电源火线、零线、接地线正确连接，电坐便器的使用条件必须满足可靠接地。要确保接地装置的有效性，电源插座接地装置的接地电阻一般应小于4 Ω。

电气间隙、爬电距离和固体绝缘是对器具绝缘性的考核项目。绝缘按材料性质可分为气体绝缘、液体绝缘和固体绝缘，电坐便器使用的是空气绝缘和固体绝缘。电气间隙是两个导电部件之间或一个导电部件与器具的易触及表面之间的空间最短距离。不同带电部件之间，当它们的空气间隙小到一定程度时，空气介质将被击穿，绝缘会失效。因此，在两导电部件之间的空气应该保持一个不会使之发生击穿的安全距离。

爬电距离是两个导电部件之间沿着绝缘材料表面允许的最短距离。爬电距离设计太小，在有灰尘或潮湿的情况下，沿着绝缘物表面会形成导电通路，使绝缘失效。固体绝缘是电气设备中在不同导电部件之间作为绝缘的固体材料，其绝缘性能通常好于空气，但其绝缘性能仍需满足电器设备的总体安全要求。与气体绝缘不同，固体绝缘击穿后不能恢复，而且正常使用中的许多不利因素（如高温环境等）会加速其老化。标准中规定了电坐便器的结构应使电气间隙、爬电距离和固体绝缘足够承受器具可能经受的电气应力。

目前，我国家电产品依照 GB 4706 系列国家标准设计、生产和使用，而 GB 4706 系列国家标准基本上是等同采用 IEC 60335 系列制定的。由于历史的原因，IEC 标准绝大多数是以欧洲标准为蓝本制定，其产品应用环境是基于平原环境下使用而制定的，并未对高海拔等复杂使用环境下的电器安全做出特别的规定。如果直接引用上述国际系列标准设计、生产和使用家电产品，则会对我国高海拔环境下的消费者构成严重的安全隐患。

我国有超过四分之一的国土处于高海拔地区，居住人口约占我国总人口的十分之一，许多少数民族居住在这些区域。以青海为例，人口分布随海拔高度变化而不同，在海拔 1600 m～2600 m 地区，集中了全省 75% 的人口。

高海拔地区大气压力低、空气密度小、湿度低、温差大、太阳辐照强、土壤温度较低且冻结期长，这些复杂环境条件引起的电气间隙空气绝缘性能下降、绝缘材料性能退化及接地异常等是导致触电、火灾等家用电

器恶性安全事故的重要原因。家用电器需要特别的安全防护设计，以提高环境适应性，实现对当地消费者生命和财产安全的保护。

研究表明，环境参数与海拔高度有以下对应关系：海拔高度每升高1000 m，相对大气压降低约12%，空气密度降低约10%，相对湿度和气温随海拔高度的升高而降低，太阳辐射照度随海拔高度的升高而升高。

根据 GB/T 4797.2—2005《电工电子产品自然环境条件　第2部分：海拔与气压、水深与水压》的规定：随着气压降低，空气减少，电器产品的放电电压和电极间的击穿电压降低，因而导致运行失效或者失灵，根据 GB/T 16935.1—2008《低压系统内设备的绝缘配合　第1部分：原理、要求和试验》的规定：海拔 2000 m 以上，需对电气间隙进行修正，到达5000 m 时，修正系数达到 1.47 倍。

另外，高海拔地区地形地貌复杂，土壤电阻率普遍较高，易导致接地装置和系统异常或失效。高海拔地区使用产品时，应通过监控冻土层以下土壤温湿度变化，定期测试接地电阻情况，分析土壤温湿度变化对应的接地电阻变化，选取适合高海拔地区的接地材料并在必要时采取特殊的措施，以保证接地装置的有效性。

简而言之，GB 4706.53—2008《家用和类似用途电器的安全　坐便器的特殊要求》中根据电坐便器产品特点和使用环境对器具的结构、外壳、保护措施、绝缘等几方面做了相应的规定，为产品的防触电安全提供了保障。

二、机械危险

电坐便器在正常使用中不应对使用者和周围环境造成机械危险。GB 4706.53—2008《家用和类似用途电器的安全　坐便器的特殊要求》中规定，电坐便器应为固定式器具，固定式器具是指紧固在一个支架上或固定在一个特定位置使用的器具。使用者应按产品使用说明的要求将电坐便器固定，避免器具在使用过程中出现移位、掉落等现象，对使用者造成人身伤害。

电坐便器的危险运动部件应被合理放置和充分保护，防止伤害使用者和周围环境。该标准中要求器具运动部件的放置和封盖，应在正常使用中对人身伤害提供充分的防护，应尽可能兼顾器具的使用和工作。防护性外壳、防护罩和类似部件，应是不可拆卸部件，并且应有足够的机械强度。电坐便器结构相对封闭，具备高能量的运动部件不多，其中常见的易对人体造成伤害的运动部件有吹风干燥风机和除臭风机（如图 3. 3 和图 3. 4 所示）。因此，需要合理设计器具的预留结构，避免器具运动部件对人体造成伤害。

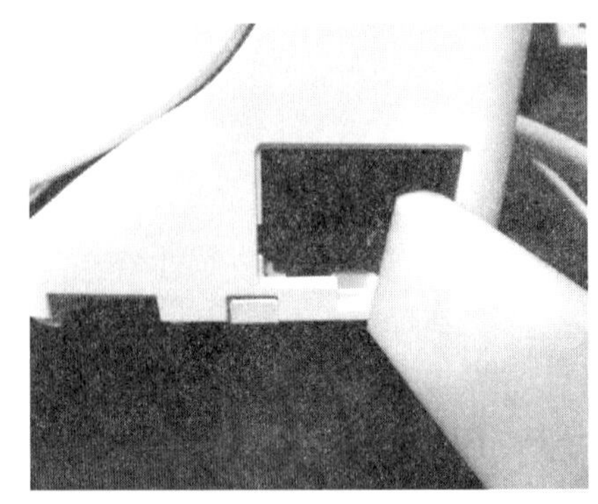

图 3. 3　外部结构

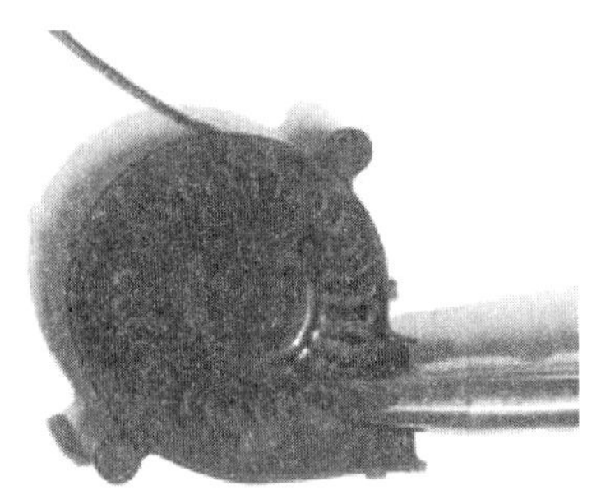

图 3. 4　内部结构

GB 4706. 53—2008《家用和类似用途电器的安全　坐便器的特殊要求》中规定，除非是为了使器具具有某种功能而设置必不可少的粗糙或锐利的棱边，在器具上不应有会对使用者正常使用、维护保养和维修造成伤害的锐利棱边。同时，器具在正常使用或用户维护保养期间，不应让使用者易触及自攻螺钉或其他紧固件暴露在外的尖端。总之，电坐便器不应具有锐利棱边和暴露在外的尖端，避免对使用者造成划伤。

三、防烫伤

烫伤是指由无火焰的高温液体、高温固体或高温蒸汽等所致的组织损伤。据研究，人体的灼伤阈值见表 3. 4。

表 3.4　人体长时间接触情况下的灼伤阈值

材料	接触时间下的灼伤阈值 T/℃		
	1 min	10 min	8 h 或更长时间
裸金属材料	51	48	43
涂层保护的金属材料	51	48	43
陶瓷、玻璃和石质材料	56	48	43
塑料材料	60	48	43
木质材料	60	48	43

电坐便器的三大核心功能温水清洗、坐圈加热、暖风烘干都使用了加热元件，而且加热过的介质都直接与人体皮肤接触，容易产生烫伤危险。GB 4706.53—2008《家用和类似用途电器的安全　坐便器的特殊要求》规定在正常使用中，电坐便器和其周围的环境不应达到过高的温度，避免对使用者产生危险。

电坐便器在正常使用中应符合下述要求：

——与皮肤相接触的金属材料部件表面温升不应超过 15 K；

——与皮肤相接触的其他材料部件表面温升不应超过 25 K；

——烘干人体用热空气温升不应超过 40 K；

——距离坐盖 250 mm 的机体外表面温升不应超过 30 K；

——喷嘴出水温度不应超过 45 ℃。

电坐便器在非正常使用或错误操作情况下应符合下述要求：

——与皮肤相接触的金属材料部件表面温升不应超过 25 K；

——与皮肤相接触的其他材料部件表面温升不应超过 55 K；

——烘干人体用热空气温升不应超过 65 K；

——距离坐盖 250 mm 的机体外表面温升不应超过 40 K；

——喷嘴出水温度不应超过 65 ℃。

四、防火灾

家庭火灾的预防一直是人们日常生活的重中之重，近些年多发的家庭火灾给了我们一次又一次的沉痛教训。电器火灾又是引发家庭火灾的重要原因之一，电坐便器产品在改善使用者的如厕体验，提高生活品质的同时，也对器具提出了更高的防火要求。因为电坐便器需要时刻处于待使用的状态，器具坐圈加热等功能长期处于工作状态，存在一定的火灾隐患。

GB 4706.1 和 GB 4706.53 从输入功率和电流、发热、非正常工作、元件、耐热和耐燃等方面对电坐便器提出了相关要求，为器具的安全使用提供了保障。

电坐便器的输入功率和电流是对器具电能消耗的一种考核指标，设置目的是避免使用者按照额定值选择的供电电源与器具实际输入功率偏差过大，产生过载现象，引发火灾危险。标准规定电坐便器的输入功率应符合表 3.5 要求。

表 3.5　输入功率偏差

额定输入功率/W	偏差
>25 且≤200	±10%
>200	+5%或 20 W（取较大的值） -10%

标准要求电坐便器在非正常工作或误操作情况下也应保证安全，应能防止器具表面和周围环境产生过高的温度和火灾危险的发生。GB 4706.53—2008《家用和类似用途电器的安全　坐便器的特殊要求》规定，器具的结构应可消除非正常工作或误操作导致的火灾危险。电坐便器不应出现喷射火焰、熔融金属、达到危险量的可燃气体等现象，器具外壳、材料、绝缘等温升不应超过限值要求。

元件质量与电坐便器的防火性能有着直接关系，这是在器具设计时就应考虑的重要内容。元件品质的保障是产品安全使用的前提，在选择电坐便器的元件时，需要注意的是，某些元件符合该产品有关国家标准或 IEC 标准要求，但不一定满足器具的特殊要求。因此，应随整机一起对额定电压、工作负载、安装使用方式和产品的独有特性等几方面综合考虑。选择

电坐便器中的元件需在合理应用的条件下，符合相关的国家标准或 IEC 标准中规定的要求，严禁使用不符合标准要求的元件。

电坐便器大部分部件都是由非金属材料制成的。温度对非金属材料的各项性能影响较大，有些非金属材料在高温状态下或温度急骤变化时会熔融或逐渐变软，机械强度下降，爬电距离和电气间隙也将发生变化，甚至电气强度降低，严重时可能出现短路现象，引起火灾事故。在电坐便器内部容易使火焰蔓延的绝缘材料或其他固体可燃材料的零件会由于灼热电线或灼热元件而起燃。例如，元件过载或导线接触不良，使得一些元件会达到起燃温度而引燃其附近的零件。

GB 4706.53—2008《家用和类似用途电器的安全　坐便器的特殊要求》要求，对于电坐便器中非金属材料制成的外部零件、用来支撑带电部件（包括连接）的绝缘材料零件以及提供附加绝缘或加强绝缘材料零件应充分耐热，避免其恶化可导致器具不符合标准要求。电坐便器非金属材料零件，对点燃和火焰蔓延应具有抵抗能力，减小火灾危险发生的可能性。上述要求不适用于装饰物、旋钮以及不可能被点燃或不可能传播由器具内部产生火焰的其他零件。

五、辐射、毒性和类似危险

GB 4706.53—2008《家用和类似用途电器的安全　坐便器的特殊要求》中规定，电坐便器不应释放出有害射线，或出现毒性或类似的危险。电坐便器由于长期在高温高湿的密封环境下使用，又与人体皮肤直接接触，造成了某些部位极易受到微生物污染，可能会对人体产生伤害。出于这个原因很多厂家设计了除菌功能，现在除菌的技术主要有三类：紫外灯照射（UV 灯照射）、负离子发生装置、电解水。

紫外灯杀菌是通过开启紫外灯对坐便器喷杆等部位进行杀菌处理。但是，紫外灯的有效辐射度不能过高，否则长期过量照射会对人体有害甚至引发癌变；紫外灯的有效辐射度对应的安全限值如下：波长≤320 nm 时，有效辐射度不应超过 0.35 W/m^2；波长在 320 nm～400 nm 时，有效辐射度不应超过 0.15 W/m^2。

负离子发生装置是通过高压电离空气释放负离子，负离子与灰尘中的细菌中和，依靠其抑菌性能，有效地杀灭空气中细菌，并且负离子还有抗氧化的作用，可以中和空气中的活性氧，使其氧化作用减轻或消失，避免有机物的氧化腐败，从而消除异味。但是高压释放负离子的过程中也有可能产生一定量的臭氧，臭氧本身是一种无毒的安全气体，其“毒性”主要是指强氧化能力，如果人体暴露在高浓度的臭氧环境中，可能出现皮肤、眼睛刺痛，呼吸不畅，咳嗽和头痛等症状；暴露时间较长，还会导致短暂性肺功能异常，引起肺部组织损伤；有过敏体质的人还可能导致慢性肺病，甚至产生肺纤维化等永久伤害。因此，器具需保证释放的臭氧量不超过 0.16 mg/m^3。

电解水除菌装置一般装在电坐便器的清洗水路中，靠电解技术把自来水转化成具有除菌效果的电解水，水中的氯化物在电解后生成次氯酸根离子，次氯酸根离子具有强氧化性，能够起到除菌的作用。使用后的酸性电解水遇光和蛋白质等即马上失活还原为普通水。器具设计时应保证不会出现因电解水中次氯酸浓度过高，对人体皮肤产生烧灼感、发炎和水泡等反应的现象。

第二节　性能评价

电坐便器性能指标应符合 GB/T 23131—2019《家用和类似用途电坐便器便座》中的要求。该标准围绕着电坐便器“清洗”“吹风”“坐圈加热”三大主要使用功能分别提出了“清洁性能”“吹风性能”“坐圈加热性能”三个主要功能指标；其次，根据产品的对资源消耗程度分别提出了“用电量”“用水量”和“耐久性”三个绿色指标；最后根据产品的特殊使用环境，分别提出了“抗菌防霉”“除菌”“除异味”等健康指标。

上述各项指标合理有效地评价了电坐便器的产品性能，体现了不同生产企业、不同品牌、不同型号产品的性能差异，是衡量电坐便器产品品质的重要评价依据，也是指导消费者选购的主要参考依据。

一、清洁性能

（一）概述

清洁性能是电坐便器产品主要使用功能之一，直接关系到产品的使用效果和设计方向。

清洁性能主要是利用电能加热后的水完成清洗人体表面残余排泄物的功能。完成清洗功能的组件（如图 3.5 所示）由两大系统组成：第一，出水流量的控制系统，主要由进水电磁阀、管路、分配器、冲洗组件等组成；第二，水加热控制系统，主要由加热元件、温控器、控制电路组成。通过上述器件组合完成对电坐便器出水温度的控制。

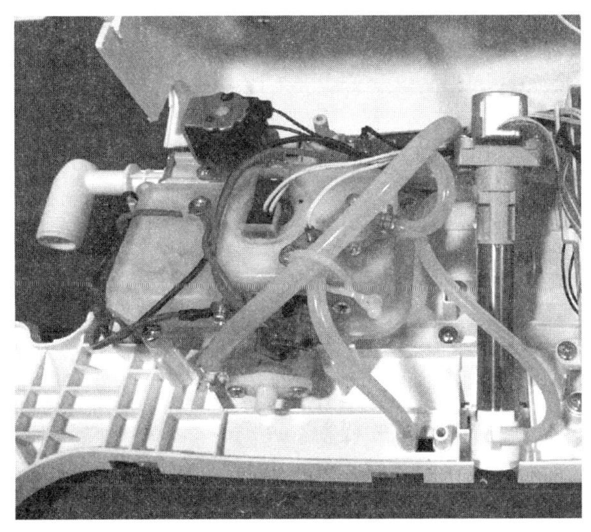

图 3.5　清洗组件实物图

通过对结构和功能的分析，如果器具能够通过对水量、水温适当的控制，达到满意的清洗效果、舒适的清洗水温，说明器具清洗功能可以满足使用需求。GB/T 23131—2019《家用和类似用途电坐便器便座》针对电坐便器清洗功能的主要技术要求和标准解读如下。

（二）标准解读

a）清洁率

【标准条款】

5.2.1　清洁率

5.2.1.1　清洁率应不低于 90.0%。

5.2.1.2　清洁率按清洁能力高低分为 A、B、C、D 四个等级，见表 1。

表 1　清洁率分等分级一览表

清洁率等级	清洁率 C/%
A	$C \geqslant 98.0$
B	$96.0 \leqslant C < 98.0$
C	$93.0 \leqslant C < 96.0$
D	$90.0 \leqslant C < 93.0$

【理解要点】

（1）清洁率是电坐便器去除污物能力的体现，是电坐便器的核心使用功能，是使用者购买这个产品的首选考虑因素，清洁率的高低直接关系到使用者的使用效果。

（2）本部分规定了电坐便器清洁率的下限值不能小于 90%，为生产企业设置了门槛，保护了使用者的权益。

（3）按清洁率的高低将产品分为 A、B、C、D 四个等级，A 级代表国际领先水平，约占市场总量的 5%；B 级代表国内领先水平，约占市场总量的 15%；C 级代表中等水平，约占市场总量的 35%；D 级代表国内一般水平，约占市场总量的 25%。对产品性能指标进行分等分级，不仅为使用者选购产品提供了便利，同时也为生产企业了解自身产品的市场定位，为产品质量改进提供了方向。推动了行业的技术进步，规范了行业的发展。

b）清洗流量

【标准条款】

> **5.2.2　清洗流量**
>
> 电便座最大清洗流量的实际测量值应不小于明示值的95%。

【理解要点】

（1）清洗流量反映了制造企业对器具水量的控制能力，是企业生产工艺、技术能力、品质控制的综合体现；

（2）本部分规定了器具的最大清洗流量的实测值不得低于明示值的95%。本条款主要是为了防止个别企业不如实标注实际用水量，通过虚标用水量而欺骗消费者。

c）出水温度的稳定性

【标准条款】

> **5.2.3　出水温度的稳定性**
>
> 整个清洗周期水温波动值在5 K以内。

【理解要点】

出水温度的稳定性考核了器具在1 min的清洗时间内，出水水温的变化情况。水温波动越小，说明器具性能越优越。

（1）由于出水温度的稳定性是使用者体验感比较直观的指标，是舒适性的体现。所以对出水温度的控制是各生产企业的核心技术，是企业研发的重点。

（2）本部分规定了器具在清洗周期水温最大值和最小值的差应在5 K以内。据国外相关机构的研究，大部分人体臂部能够感应温度变化的最小温度为2 K。如果以中心值计算，上述水温要求偏差±2.5 K，能够有效地保证使用者的舒适性。

d）出水温度的响应时间

【标准条款】

5.2.4　出水温度的响应时间
电便座清洗水温达到 35 ℃的时间应不大于 3 s。

【理解要点】

出水温度的响应时间是器具出水温度达到预设温度反应快慢的能力，响应时间越短，说明器具性能越优越。

（1）影响出水温度的响应时间主要有两方面：

——器具瞬时加热能力；

——器具从加热组件后端到喷嘴出口的管路中残留水的处理方式。

（2）本部分规定的清洗水温达到 35 ℃的时间不大于 3 s，是从保障使用者的舒适性方面对企业生产的产品提出的要求。

二、吹风性能

（一）概述

吹风功能是在电坐便器完成清洁功能后，通过加热的风对人体皮肤完成干燥的过程。吹风功能的组成器件通常有：吹风风机、加热元件、温度控制系统和风道组成（如图 3.6 所示）。通过对该功能作用和结构的分析，如何实现良好的吹风干燥效果、较低的吹风噪声是行业研发的重点和难点。据试验分析，影响吹风干燥效果的因素有吹风温度和吹风风量。

（二）标准解读

a）吹风温度

【标准条款】

5.3.1　吹风温度
电便座吹风出口最高温度应不大于 65 ℃。

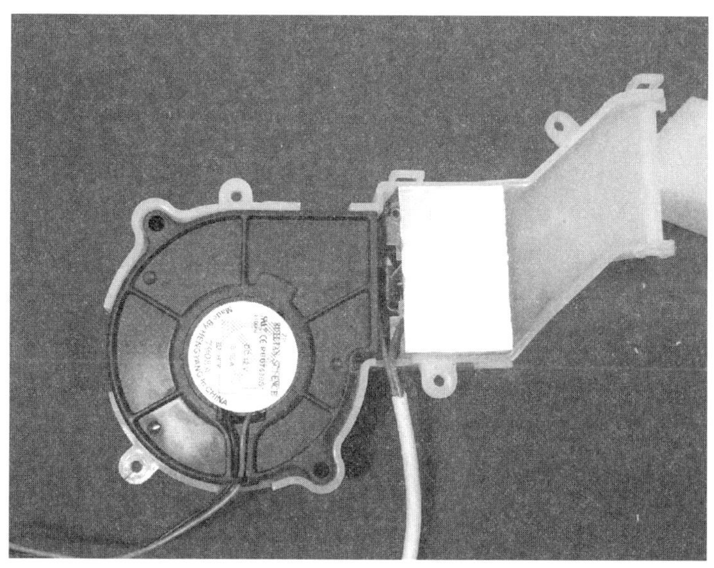

图 3.6　吹风组件的内部结构

【理解要点】

（1）吹风温度是对器具吹风干燥温度的考核指标，吹风温度的高低是影响吹风干燥效果的主要因素之一，通常吹风温度越高，器具的吹风干燥效果越好，但过高的吹风温度会对消费者造成不良的使用感受，甚至造成伤害，合理地设置吹风温度能够增强消费者使用过程中的舒适感。

（2）本部分规定了吹风温度的上限值不超过 65 ℃，其目的是为了避免吹风温度过高，对人体造成烫伤，为使用者提供安全保障。

b）吹风风量

【标准条款】

5.3.2　吹风风量
5.3.2.1　电便座最大吹风风量应不低于 0.2 m^3/min。
5.3.2.2　电便座吹风风量由高到低分为 A、B、C、D 四个等级，见表 2。

表 2　吹风风量分等分级一览表

吹风风量等级	风量 Q/（m^3/min）
A	$Q \geqslant 0.5$
B	$0.4 \leqslant Q < 0.5$
C	$0.3 \leqslant Q < 0.4$
D	$0.2 \leqslant Q < 0.3$

【理解要点】

（1）吹风风量为单位时间内器具的吹出风量能力，该指标是另外一个影响吹风干燥效果的主要因素，吹风风量越大，器具吹风干燥效果越好。

（2）吹风干燥效果不佳是电坐便器产品一直被消费者所诟病的问题之一。出于对消费者安全和舒适性的考虑，吹风温度被限制在一定的范围。出风风量将是生产企业改善吹风效果的突破口，提升产品质量的方向。

（3）本部分规定了器具的吹风风量下限值应不低于 0.2 m^3/min，否则难以满足器具的吹风干燥效果。

（4）本部分将吹风风量按照由高到低的顺序分为 A、B、C、D 四个等级，对吹风风量进行的分等分级不仅为消费者选购产品提供了方便，同时也为生产企业改善产品的质量提供了方向。

c）吹风噪声

【标准条款】

5.3.3　吹风噪声

5.3.3.1　电便座声功率级噪声应不大于 68 dB（A）。

5.3.3.2　电便座噪声由低到高分为 A、B、C、D 四个等级，见表 3。

表 3 吹风噪声分等分级一览表

噪声等级	噪声 L_w/dB（A）
A	$L_w \leqslant 53$
B	$53 < L_w \leqslant 58$
C	$58 < L_w \leqslant 63$
D	$63 < L_w \leqslant 68$

【理解要点】

（1）吹风噪声是对器具完成吹风干燥功能所产生声音的评价指标，是消费者比较关注的重要指标之一。器具吹风噪声越小，将越受到消费者青睐，产品的竞争力也随着增强，反映了产品的设计、制造水平。影响器具吹风噪声的主要因素有：吹风电机的转速、吹风风道的设计、吹风组件的结构等。

（2）本部分规定器具在标准运行模式下，器具吹风噪声的声功率级应不大于 68 dB（A），避免生产企业为单纯追求吹风干燥效果，而忽略使用者的感受。

（3）本部分对吹风噪声由低到高的顺序分为 A、B、C、D 四个等级。对吹风噪声的分等分级不仅为消费者选购产品提供方便，同时也为生产企业改善产品的质量提供方向。

三、坐圈加热性能

（一）概述

在寒冷的冬天，坐圈加热功能大大改善了使用者的如厕体验，该功能是消费者购买电坐便器产品的重要原因之一，是电坐便器的核心使用功能。

坐圈加热功能主要是利用加热元件将电能转化为热能，通过导热材料将热能传递到与人体接触的坐便器表面。完成坐圈加热功能的器件有：加热元件、导热材料、温度控制系统与人体接触的坐圈等。坐圈加热内部结构，如图 3.7 所示。

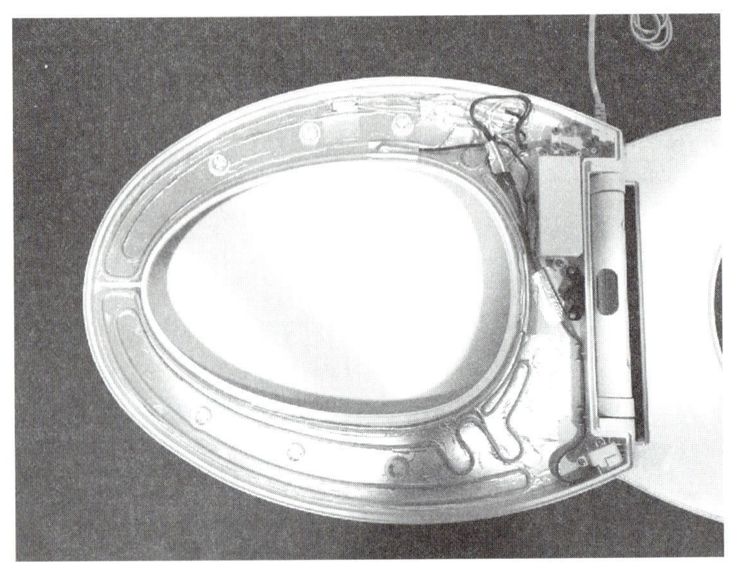

图 3.7　坐圈加热内部结构图

目前，实现坐圈加热功能常用的方法是将固定有电热丝的铝箔黏贴在坐圈结构内部，通过热能的传递实现坐便器表面温度的变化。通过对产品内部结构的分析，电热丝布线的密度和均匀性将直接影响坐圈表面温度。根据坐圈加热的使用功能和结构特点，GB/T 23131—2019《家用和类似用途电坐便器便座》中给出如下规定。

（二）标准解读

a）坐圈表面温度

【标准条款】

> 5.4.1　坐圈表面温度
>
> 电便座坐圈最高温度模式下，所有测试点的温度均应不超过 45 ℃。

【理解要点】

（1）本部分规定了坐圈表面温度不应超过 45 ℃，避免温度过高对人体造成低温烫伤。

（2）坐圈表面温度控制是非常复杂的过程，需要考虑器具将产生的热量与散发的热量维持在一个使用者可以接受的温度范围内，并且还要能够根据使用者的需求调节温度。这就需要生产企业对所使用材料的导热性能、散热效果、加热元件的加热效率等都非常了解，再通过合理的设计才能达到对坐圈表面温度的精准控制，可以讲，对坐圈表面温度的控制能力是企业技术实力的体现。

b）坐圈表面温度均匀性

【标准条款】

5.4.2　坐圈表面温度均匀性 电便座坐圈各点的测量值与平均温度值之差应不超过 5 K。

【理解要点】

（1）坐圈表面温度均匀性是考核坐圈各测量值与平均温度值的差值范围指标，各测量值与平均值之差越小，坐圈表面温度越均匀，消费者的使用效果越好，说明企业对坐圈温度的控制能力越强。

（2）本部分规定了坐圈各测量值与平均温度值之差不超过 5 K，一方面是保证了使用者不会因为坐圈温度差异太大产生不良的感受；另一方面也对企业制造水平提出了要求，避免有些企业因工艺复杂，以偷工减料等投机手段损害消费者的合法权益。

四、能源消耗

（一）概述

电坐便器的能源消耗主要从用电量和用水量两个方面对其进行考核。

（二）标准解读

a）用电量

【标准条款】

5.5 用电量

5.5.1 带吹风功能的电便座用电量不应大于 0.060 kWh，无吹风功能的电便座用电量应不大于 0.055 kWh。

5.5.2 用电量由低到高分为 A、B、C、D 四个等级，见表 4。

表 4 用电量分等分级一览表

用电量等级	带吹风功能电便座的用电量 E/kWh	无吹风功能电便座的用电量 E/kWh
A	$E \leqslant 0.030$	$E \leqslant 0.025$
B	$0.030 < E \leqslant 0.040$	$0.025 < E \leqslant 0.035$
C	$0.040 < E \leqslant 0.050$	$0.035 < E \leqslant 0.045$
D	$0.050 < E \leqslant 0.060$	$0.045 < E \leqslant 0.055$

【理解要点】

（1）用电量是对电坐便器使用过程中消耗电能的考核指标，用电量越低，产品就越节能。

（2）本标准中的用电量要求，是在保证产品的清洁性能、坐圈加热性能、吹风性能均满足标准要求的前提下进行考核的，不允许企业以牺牲产品的正常使用功能而片面追求所谓的低能耗。

（3）本部分规定了器具在标准运行模式下，根据器具功能的差异规定了不同用电量的限值，具有吹风功能的器具用电量不应超过 0.060 kWh，无吹风功能的器具用电量不应超过 0.055 kWh。如果某器具的用电量是 0.060 kWh，按每个家庭每天使用 13 次电坐便器计算，大概消耗电能为 0.8 kWh。

（4）本部分按用电量由低到高分为 A、B、C、D 四个等级，其中用电

量高于 D 级的电坐便器为不符合标准要求的产品。对用电量的分等分级不仅可以指导企业开发不同规格的产品，而且为消费者选购不同价位的产品提供直观的参考。

b）用水量

【标准条款】

5.6　用水量

5.6.1　电便座用水量应不大于 1100 mL。

5.6.2　用水量由低到高分为 A、B、C、D 四个等级，见表 5。

表 5　用水量分等分级一览表

用水量等级	用水量 V/mL
A	$V \leqslant 500$
B	$500 < V \leqslant 700$
C	$700 < V \leqslant 900$
D	$900 < V \leqslant 1100$

【理解要点】

（1）用水量是对电坐便器使用过程中消耗水量的考核指标，用水量越低，说明产品越节水。

（2）用水量不是单独存在的性能指标，保证清洁率符合标准要求的前提下，用水量越低，产品性能越优越。生产企业不能一味追求节水，而忽略了电坐便器的核心使用功能。

（3）本部分规定了器具在标准运行模式下，器具的用水量不应大于 1100 mL，对生产企业设计开发提出了限制，响应了国家绿色环保的可持续发展的方针。

（4）本部分按用水量由低到高分为 A、B、C、D 四个等级，对用水量进行的分等分级不仅为消费者选购产品提供了方便，同时也让生产企业了解自身产品的市场定位，为产品的质量改进提供了方向。

五、使用寿命

（一）概述

器具的使用寿命是消费者购买产品时关注的重要指标之一。虽然产品在使用过程中因使用环境、使用方法、使用频率等差异会影响产品的使用寿命，但是因设计、生产工艺、元件、材料等缺陷导致产品使用寿命缩短的现象是存在的。器具使用寿命的长短是生产企业综合实力的体现，任何一个环节的失控都有可能导致产品使用寿命的下降。对生产企业来说，提高对产品各环节的质量控制，确保产品至少达到设计的使用寿命，才能赢得消费者的口碑，建立良好的品牌形象，促进企业健康地发展。

电坐便器的使用寿命主要由产品的可靠性设计来保证。可靠性是指产品在规定的时间内和给定的条件下，完成规定功能的能力。为了使产品能够达到预期的使用时间，要求生产企业从设计入手，通过改善部件、原材料、元器件、控制系统等的设计或品质要求，达到提升电坐便器整机的可靠性。

电坐便器的寿命试验是对器具清洗、烘干等主要功能使用次数的综合考核。

（二）标准解读

【标准条款】

5.7　耐久性

5.7.1　电便座耐久性应不低于 25000 次。

5.7.2　电便座耐久性由高到低分为 A、B、C、D 四个等级，见表 6。

表 6　耐久性分等分级一览表

耐久性等级	耐久性 D/次
A	D>40000
B	35 000<D≤40000
C	30 000<D≤35000
D	25 000<D≤30000

【理解要点】

（1）耐久性是在试验室环境中，通过规定的程序对器具循环使用的过程，是器具使用寿命的考核指标。耐久性测试周期越长，即器具使用寿命越久。

（2）本部分规定了器具在冲洗水温及强度设定最高挡，吹风功能设定最高挡位条件下，臀部冲洗 30 s，妇洗 30 s，若有吹风功能，则运行 30 s，上述运行模式为一次，每次之间间隔 30 s。器具的耐久性不应低于 25000 次。

（3）耐久性按测试周期由高到低分为 A、B、C、D 四个等级，按每个家庭四口人，平均每天使用电坐便器的次数为 13 次，经计算 A 等级的电坐便器使用寿命为大于 8 年，B 等级的产品使用寿命为 7 年~8 年，C 等级的产品使用寿命为 6 年~7 年，D 等级的产品使用寿命为 5 年~6 年。对耐久性进行的分等分级不仅为消费者选购产品提供了方便，同时也让生产企业了解自身产品的市场定位，为产品的质量改进提供了方向。

六、健康特性

（一）概述

近年来随着国内经济的快速发展，国民的生活水平不断提高，大家的消费理念也发生了根本的变化，消费者购买产品也从原来的“能用”发展到现在的“好用”，健康理念越来越受到了国内消费者的关注。

电坐便器由于长期在高温高湿的密封环境下使用，又与人体皮肤直接接触，造成了某些部位极易受到微生物污染，容易对人体产生伤害。针对上述情况，生产企业开发了具有抗菌、除菌、防霉等功能的电坐便器，虽然价格不菲，但还是很受消费者的欢迎。

抗菌、除菌、防霉等功能对消费者的健康是至关重要的。这些指标不像清洗性能、坐圈加热性能等让消费者有直观的感受，只能通过试验才能检验其性能好坏。GB/T 23131—2019《家用和类似用途电坐便器便座》，改变了上述功能无标可依的现状，从标准的角度为市场监管提供了技术支撑，将有效改变目前市场部分不良企业虚假宣传、以次充好、欺骗消费者的现象，从而促进电坐便器行业健康发展。

（二）标准解读

a）抗菌性能

【标准条款】

> 5.8　抗菌、防霉
>
> 明示具有抗菌功能的电便座，其材料抗菌率不应小于90%。

【理解要点】

（1）抗菌性能是指电坐便器的材料或部件使用了抗菌材料，这些材料或部件具有抗菌和抑菌的性能。例如，盖板、坐圈、喷嘴等（如图3.8所示）。

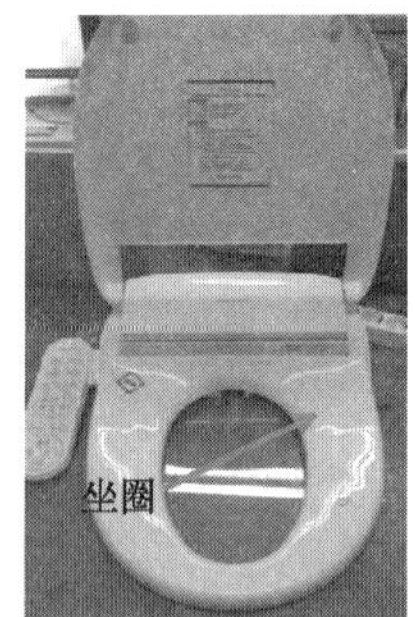

图3.8　常见使用抗菌材料的部件

（2）抗菌是采用化学、物理等方法抑制细菌生长繁殖的过程，其评价指标为抗菌率，用百分比表示，即其表面微生物数量减少的值。

b）防霉性能

【标准条款】

> 明示具有防霉功能的电便座，其材料防霉等级应至少为1级。

【理解要点】

（1）防霉性能同抗菌性能一样，也指的是电坐便器的部分材料或部件具有防霉性能；

（2）防霉是采用化学、物理等方法抑制霉菌生长繁殖的过程，评价指标为防霉等级，合格的防霉等级应为0级或1级。防霉等级分为5级，见表3.6。

表3.6　防霉等级

防霉等级	描述
0	不生长，即显微镜（放大50倍）下观察未见生长
1	痕迹生长，即肉眼可见生长，但生长覆盖面积小于10%
2	生长覆盖面积小于30%，但不小于10%（轻度生长）
3	生长覆盖面积小于60%，但不小于30%（中度生长）
4	生长覆盖面积大于60%至全面覆盖（严重生长）

c）抗菌、防霉材料有害物质释放量

【标准条款】

5.9.4　明示具有抗菌、防霉功能电便座的抗菌、防霉材料有害物质释放量应符合表7要求。

表7　抗菌、防霉材料有害物质释放量限值一览表

序号	项目		限定值（不大于）
1	综合指标（水浸泡液）	蒸发残渣	30 mg/L
2		高锰酸钾消耗量	10 mg/L
3	重金属（酸浸泡液）	铅	1 mg/L
4		镉	0.5 mg/L
5		砷	0.04 mg/L
6		汞	0.01 mg/L
7	单体	氯乙烯	1 mg/kg
8		丙烯腈	11 mg/kg
注：单体项目仅适用于高分子材料。			

【理解要点】

(1) 对明示具有抗菌、防霉功能器具的抗菌、防霉材料进行有害物质释放量的规定，以免对使用者的健康产生不利影响。

(2) 有害物质指标选择高风险、危害大、代表性强的项目，包括综合指标（蒸发残渣、高锰酸钾），重金属项目（铅、镉、砷、汞），单体项目（氯乙烯、丙烯腈）。

(3) 当高分子材料的主要成分或添加剂中含有氯乙烯时，需对样品进行氯乙烯项目的检测，例如聚氯乙烯（PVC）材料等；当高分子材料的主要成分或添加剂中含有丙烯腈时，需对样品进行丙烯腈项目的检测，例如丙烯腈-丁二烯-苯乙烯共聚物（ABS）材料、丙烯腈-苯乙烯共聚物（AS）材料等。

d）除菌性能

对于宣称具有除菌功能的坐便器需要进行除菌率试验，除菌功能一般是针对器具中特定的位置，如水路中的水、喷嘴、便器内壁等。除菌率是器具去除指定位置细菌的百分比，除菌率越高说明除菌效果越好。

因为电坐便器的特殊使用环境，使得器具某些位置极易滋生细菌，随着消费者健康意识的不断加强，具有除菌功能的电坐便器将是器具未来的一个发展方向。因为现在市场上具有除菌功能的坐便器数量有限，测试数据样本量不够充分，故本次标准修订中仅给出了除菌性能的测试方法，没有规定限值要求。

除菌性能的测试为电坐便器除菌功能提供了评价方法，对除菌效果给出了量化指标，为生产企业开发改进除菌功能提供了依据，为除菌功能的发展预留了空间。

七、其他性能

a）结构

【标准条款】

5.9 结构及材料
5.9.1 电便座与人体接触的表面应光滑，正常使用时，不应刮伤人体皮肤。
5.9.2 电便座在正常工作状态下，清洗系统运行正常无阻滞。
5.9.3 供水组件和加温水箱不应渗漏。

【理解要点】

（1）结构是对电坐便器的外观、工作使用状态、完整可靠提出的考核要求，是器具性能指标的基础。

（2）本部分规定了器具表面应光滑，不应对人体造成伤害。

（3）本部分规定了器具应能正常运行，无故障、异响等不正常现象。

（4）由于电坐便器是水电结合的器具，如发生漏水情况，极易产生触电危险，故规定了器具供水组件和加温水箱部分不得有水渗漏现象。

b）除异味

除异味功能是指器具能够去除卫生间内引起人嗅觉不适的气味，试验是通过测试处理前后空气中异味浓度变化，计算出异味的去除率。去除率越高说明产品的除异味能力越强。

卫生间异味由很多成分组成，据现有的科学研究，人体排泄物中尿素可以分解反应后产生氨气味，但其臭味不是非常明显，而大部分臭味主要来自粪便，究其原因就是粪便在肠道的形成过程中产生了许多种复杂的有机、无机化学物，如粪臭素、吲哚、硫化氢、巯基质、挥发性脂肪酸、亚硝基胺、氨等。因厕所中的臭味一般是由人体排泄物经发酵代谢等作用产生的混合气体等挥发性物质引起的，现有研究结果还不能确定其主要成分的含量，所以，GB/T 23131—2019《家用和类似用途电坐便器便座》只给出了除异味的测试方法，并没有规定具体的限值要求。

事实上，就电坐便器的功能和特殊使用环境来讲，除异味是备受消费者关注的一项功能。为了引领行业发展，满足消费者对品质生活需求的不断提高，标准给出了资料性附录C——除异味性能测试方法。填补了电坐便器测试方法的空白，为企业开展除异味功能的开发研究，以及产品检验提供了有益的参考依据。

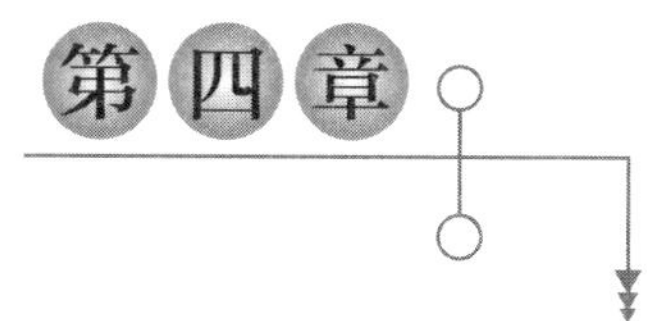

洁身器具测试指南

测试过程的正确性和规范性直接影响测试结果的准确性，测试结果又是客观评价产品性能的依据。本章主要从仪器仪表、标准物质、计量校准、测试方法四个方面对 GB/T 23131—2019《家用和类似用途电坐便器便座》中有关电坐便器的测试方法部分进行解读，为检测人员正确理解标准并开展相关检测工作提供指导性建议，以利于规范检测过程，保障检测结果的科学性和准确性，最终提高测试结果的一致性。

第一节　仪器仪表

仪器仪表是检测电坐便器评价指标的硬件基础，对测试结果起着至关重要的作用。合理地选取检测设备，既能保证检测结果的准确性，提高检测效率，又能节约试验成本，以下按照 GB/T 23131—2019 评价指标列出检测设备，为检测设备的选取提供参考。

一、清洁性能测试设备（见表 4.1）

——清洁率：清洁率测试装置和钢板尺；

——最大清洗流量：秒表和电子秤；

——出水温度的稳定性：温度巡检仪、秒表和钢板尺；

——出水温度的相应时间：温度巡检仪、秒表和钢板尺。

表 4.1　清洁性能用检测设备及要求

序号	测试项目	设备	要求
1	清洁率	清洁率测试装置	满足 GB/T 23131—2019 附录 A 试验要求
		钢板尺	相对不确定度不低于 1.0%
2	最大清洗流量	电子秤	相对不确定度不低于 1.0%
		秒表	相对不确定度不低于 0.5%
3	出水温度的稳定性	温度巡检仪	不确定度不低于 0.5 ℃
		秒表	相对不确定度不低于 0.5%
		钢板尺	相对不确定度不低于 1.0%
4	出水温度的相应时间	温度巡检仪	不确定度不低于 0.5 ℃
		秒表	相对不确定度不低于 0.5%
		钢板尺	相对不确定度不低于 1.0%

二、吹风性能测试设备（见表 4.2）

——吹风温度：温度巡检仪、秒表和钢板尺；

——吹风风量：风量测试装置、钢板尺；

——吹风噪声：噪声振动测试系统、半消音室。

表 4.2　吹风性能用检测设备及要求

序号	测试项目	设备	要求
1	吹风温度	温度巡检仪	不确定度不低于 0.5 ℃
		秒表	相对不确定度不低于 0.5%
		钢板尺	相对不确定度不低于 1.0%
2	吹风风量	风量测试装置	满足 GB/T 23131—2019 6.3.2 试验要求
		钢板尺	相对不确定度不低于 1.0%
3	吹风噪声	噪声振动测试系统	符合 GB/T 4214.1—2017 测试设备要求
		半消音室	符合 GB/T 4214.1—2017 测试环境要求

三、坐圈加热性能测试设备（见表 4.3）

——坐圈表面温度：坐圈温度测试装置、钢板尺；

——坐圈表面温度均匀性：坐圈温度测试装置、钢板尺。

表 4.3 坐圈加热性能检测设备及要求

序号	测试项目	设备	要求
1	坐圈表面温度	坐圈温度测试装置	不确定度不低于 0.5 ℃
		钢板尺	相对不确定度不低于 1.0%
2	坐圈表面温度均匀性	坐圈温度测试装置	不确定度不低于 0.5 ℃
		钢板尺	相对不确定度不低于 1.0%

四、资源消耗测试设备（见表 4.4）

表 4.4 资源消耗指标检测设备及要求

序号	测试项目	设备	要求
1	用电量	功率计	相对不确定度不低于 1.0%
		秒表	相对不确定度不低于 0.5%
2	用水量	电子秤	相对不确定度不低于 1.0%
		秒表	相对不确定度不低于 1.0%

五、耐久性测试设备（见表 4.5）

表 4.5 耐久性检测设备及要求

测试项目	设备	要求
耐久性	电坐便器耐久性测试装置	满足 GB/T 23131—2019 6.7 试验要求

六、抗菌测试设备（见表 4.6）

表 4.6　抗菌检测设备及要求

测试项目	设备	要求
抗菌	生物安全柜	二级 A2 型
	恒温恒湿培养箱	温控精度±1 ℃，相对湿度≥90%
	自动蒸汽灭菌锅	温控精度±1 ℃，可在 121 ℃维持 20 min

七、防霉测试设备（见表 4.7）

表 4.7　防霉检测设备及要求

测试项目	设备	要求
防霉	生物安全柜	二级 A2 型
	恒温恒湿培养箱	温控精度±1 ℃，相对湿度≥90%
	自动蒸汽灭菌锅	温控精度±1 ℃，可在 121 ℃维持 20 min
	离心机	最高转速>8 000 r/min，配备 50 mL 转子

八、抗菌防霉有害物质释放量测试设备（见表 4.8）

表 4.8　抗菌防霉有害物质释放量检测设备及要求

测试项目	设备	要求
抗菌防霉有害物质释放量	分析天平	精确到 0.0001 g
	滴定管	精确到 0.025 mL
	电感耦合等离子体质谱仪	检出限不大于 0.01 μg/L
	气相色谱仪	检出限不大于 1 μg/L
	气相色谱质谱联用仪	检出限不大于 0.5 μg/L

九、除菌性能测试设备（见表 4.9）

表 4.9 除菌性能检测设备及要求

测试项目	设备	要求
除菌	生物安全柜	二级 A2 型
	恒温培养箱	温控精度±1 ℃
	自动蒸汽灭菌锅	温控精度±1 ℃，可在 121 ℃维持 20 min

十、除异味测试设备（见表 4.10）

表 4.10 除异味检测设备及要求

测试项目	设备	要求
除异味	钢卷尺	精度 1 mm
	秒表	相对不确定度不低于 0.5%
	空气采样器	流量误差小于 5%
	电子天平	精度 0.0001 g
	分光光度计	不确定度±0.005
	气相色谱仪	精度 0.00001 ng/s

第二节 标准物质

GB/T 23131—2019 中用来测试清洁率的模拟人体排泄物为标准物质，其稳定性直接影响试验结果的准确性和稳定性。

一、模拟人体排泄物组成成分

GB/T 23131—2008《电子坐便器》中使用的是黄豆酱作为模拟人体排

泄物，清洁率测试试验重复性差，故 GB/T 23131—2019《家用和类似用途电坐便器便座》中对模拟人体排泄物做了修定。现标准中模拟人体排泄物由碳酸钙（$CaCO_3$）（分析纯）、海藻酸钠（$C_5H_7O_4COONa$）（分析纯）、甲基蓝（$C_{37}H_{27}N_3Na_2O_9S_3$）（分析纯）和蒸馏水混合而成，具体配置比例如下：

（1）碳酸钙（$CaCO_3$）（分析纯）质量为 100 g；

（2）海藻酸钠（$C_5H_7O_4COONa$）（分析纯）质量为 1.0 g；

（3）甲基蓝（$C_{37}H_{27}N_3Na_2O_9S_3$）（分析纯）质量为 0.2 g；

（4）蒸馏水体积为 76 mL。

二、碳酸钙原材料的选取

碳酸钙按生产方法不同，可分为轻质碳酸钙、重质碳酸钙、胶体碳酸钙和晶体碳酸钙等。各类碳酸钙因其性质、用途存在差异，通过试验验证发现，采用沉降体积为（2.60±0.05）mL/g 的轻质碳酸钙作为原料，制作的模拟人体排泄物的均匀性、稳定性、一致性较佳。

碳酸钙沉降体积的测定方法如下：

（一）仪器

具塞量筒：100 mL，结构类型和规格尺寸应符合 GB/T 12804—2011《实验室玻璃仪器　量筒》第 5 章的要求。

（二）分析步骤

称取约 10 g 试样，精确至 0.01 g，置于盛有 30 mL 水的具塞量筒中，加水至 100 mL，上下振摇 3 min（100 次/min～110 次/min），在室温下静置 3 h，记录沉降物所占的体积。

（三）结果计算

沉降体积以 p 计，数值以每克沉降物所占体积表示，按下式计算：

$$p=\frac{V}{m}$$

式中：

V——沉降物所占体积的数值，单位为毫升（mL）；

m——试料的质量的数值，单位为克（g）。

取平行测定结果的算术平均值为测定结果，平行测定结果的绝对差值应符合产品标准规定。

【理解要点】

（1）碳酸钙要在干燥、密封的环境下保存，避免高温、阳光直射。包装必须完整密封、防止吸潮，不允许与易燃物、液体酸类共同储存。

（2）每批次碳酸钙均应进行沉降体积测试，不满足要求不得使用。

（3）同批次碳酸钙每月进行一次沉降体积测试，不符合要求不得使用，并对储存条件进行改进。

（4）确保使用的碳酸钙满足沉降体积是（2.60±0.05）mL/g 的要求。

三、标准物质的配制及制作工艺

模拟人体排泄物的配制过程及制作工艺直接影响着模拟人体排泄物的质量，为了规范操作过程，保证标准物质质量一致性，现将模拟人体排泄物的配制过程规定如下：首先将称取的 100 g 碳酸钙和 1 g 海藻酸钠倒入同一个烧杯中，用玻璃棒按同一方向搅拌 10 min；然后称取 0.2 g 甲基蓝，放入烧杯中，向其中注入 76 mL 的蒸馏水，用玻璃棒搅拌约 5 min；最后将搅拌均匀的碳酸钙和海藻酸钠混合粉末放入一个玻璃容器中，甲基蓝溶液缓慢均匀地倒入玻璃容器中，边倒入边用玻璃棒搅拌，将液体完全倒入后，用玻璃棒搅拌至少 30 min，直到模拟人体排泄物颜色均匀，表面光滑。

【理解要点】

（1）配制模拟人体排泄物的环境温度（25±2）℃，相对湿度 30%~50%。

（2）用电子天平称取 100 g 碳酸钙，精确到 0.1 g。

（3）用电子天平称取 1 g 海藻酸钠，精确到 0.01 g。

（4）将碳酸钙和海藻酸钠倒入同一容器中，搅拌均匀。如有条件，可放入密闭容器中搅拌。

(5) 用电子天平称取 0.2 g 甲基蓝，精确到 0.001 g。

(6) 将称取 0.2 g 的甲基蓝放入烧杯中，加入（25±1）℃的蒸馏水，配制成 76 mL 的溶液。

(7) 将甲基蓝溶液缓慢均匀地倒入碳酸钙和海藻酸钠混合粉末中，边倒入边搅拌。最初倒入溶液时，粉末成小团状，经过充分搅拌后，模拟人体排泄物成颜色均匀，表面光滑，内部黏稠。

(8) 配置过程见图 4.1~图 4.4。

图 4.1　碳酸钙和海藻酸钠的混合粉

图 4.2　甲基蓝溶液配置

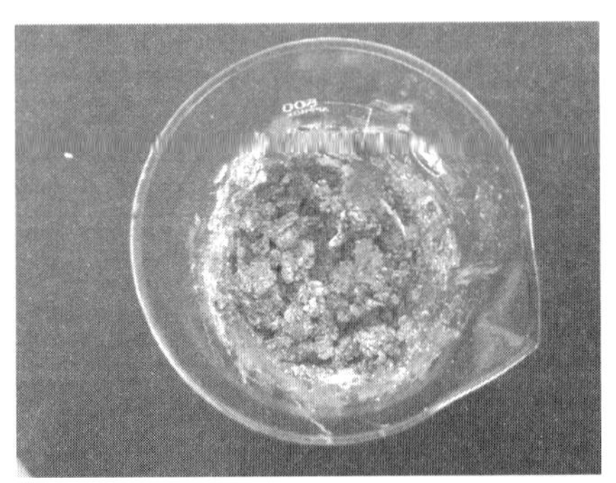

图 4.3　甲基蓝溶液注入与碳酸钙和海藻酸钠混合粉末初始

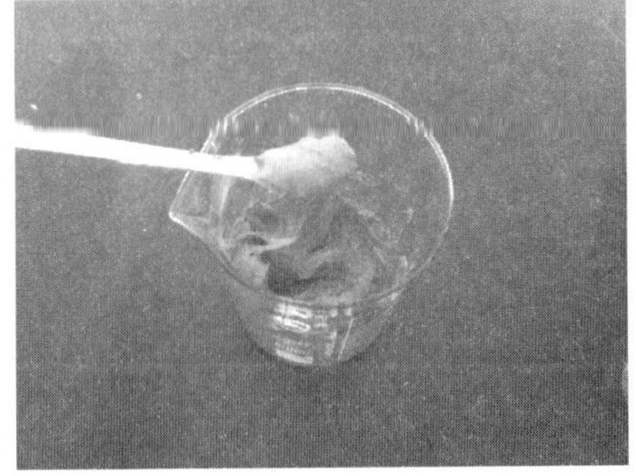

图 4.4　配制完成最终状态

四、成品保存（见图 4.5）

（1）模拟人体排泄物应密封冷藏保存。

（2）模拟人体排泄物应在保质期内使用。

（3）模拟人体排泄物包装打开后，即可使用，推荐一次性用完。建议标准物质包装为 100 g/袋。

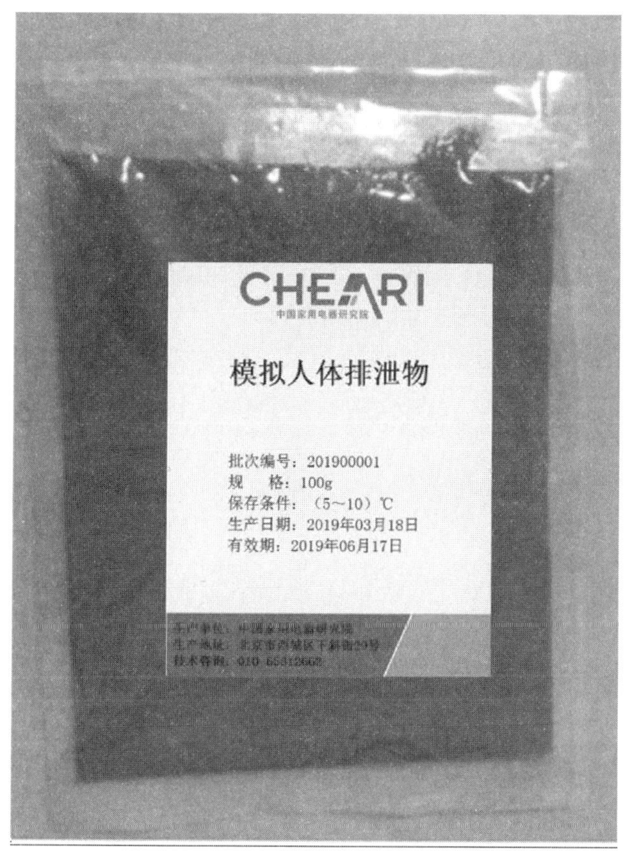

图 4.5　模拟人体排泄物包装图

第三节 计量校准

一、计量的定义及其作用

计量是利用技术和法制手段来实现单位统一、量值准确可靠的活动，它涉及整个测量领域，并按法律规定，对测量起着指导、监督、保证作用。计量的本质特征就是测量，可以说是一种特殊形式的测量，其测量的对象不是一般产品，而是具有某一准确度级别的测量手段，是为了使被测量的单位量值在允差范围内溯源到基本单位的测量。因此，对计量的定义可以理解为“是以保证单位统一、量值准确一致的测量，其对整个测量领域起到指导、监督、保证和仲裁作用”。

计量的最终目的是为测量的准确提供可靠的保证，确保国家计量单位制度的统一和全国量值的准确可靠。在我国，通常意义上的计量包含以下三类活动：检定、校准和检测。

计量检定即查明和确认计量器具是否符合法定要求的程序，它包括检查、加标记和（或）出具检定证书。检定是为评定计量器具计量性能是否符合法定要求，确定其是否合格所进行的全部工作。检定具有法制性，它的工作对象是《中华人民共和国依法管理的计量器具目录》中的计量器具，包括计量标准器和工作计量器具，既可以是实物量具，也可是测量仪器和测量系统。计量检定具有以下特点：

——检定的对象是计量器具，而不是一般的工业产品；

——检定的目的是确保量值的统一和准确可靠，主要作用是评定计量器具的性能是否符合法定要求；

——检定结论是确定计量器具是否合格，是否允许使用；

——检定具有计量监督管理的性质，即具有法制性，法定计量检定机

构或授权的计量技术机构出具的检定证书，在社会上具有特定的法律效力。

计量校准即在规定的条件下，为确定测量仪器或测量系统所指示的量值，或实物量具或参考物质所代表的量值，与对应的由测量标准所复现的量值之间关系的一种操作。校准的目的是确定被校准对象的示值与对应的由计量标准所复现的量值之间的关系，用来实现量值的溯源性。校准工作的内容就是按照合理的溯源途径，依据国家计量校准规范或其他经确认的校准技术文件中所规定的校准条件、校准项目和校准方法，将被校准对象与计量标准进行比较和数据处理。校准是按照使用的需求实现溯源性的重要手段，也是确保量值准确一致的重要措施。

计量检测即法定计量检定机构计量技术人员从事的检测活动，主要是指计量器具新产品和进口计量器具的型式评价、定量包装商品净含量的检验。计量检测的对象是某些计量器具产品和定量包装商品。对计量器具新产品和进口计量器具的型式评价，是依据型式评价大纲对计量器具进行全性能试验，将检测结果记录在检测报告上，为政府计量行政部门进行型式批准提供依据。对定量包装商品净含量的检验是依据国家计量技术规范所进行的，其检测结果可以为政府计量行政部门对商品量的计量监督提供依据。

21 世纪是质量的世纪，提升质量是国家发展之基、兴国之道、强国之策。质量是经济发展的命脉，计量则是质量的保证手段。现代化工业生产要求专业化、社会化、机械化、自动化；企业要降低成本，减少消耗，提高产品质量。以上这一切都离不开准确、齐全、可靠的计量保障。计量活动作为控制质量的技术保障，是重要的质量基础设施，贯穿于各行各业，是面向全社会服务的横向技术基础。计量科技进步直接关系着各个领域的技术创新，能够为产业发展解决关键共性技术难题，是提升产业竞争力的核心。计量技术水平的发展程度在一定意义上标志着一个国家的科技和经济发展水平，对科技进步和经济发展具有直接影响。

二、电坐便器检测设备的计量

电坐便器产品作为近年来家用电器领域的热点产品，随着人民生活水平的提高，消费者对相关产品的安全、节能环保以及舒适性能的要求越来越高。有效控制电坐便器产品的耗电量、坐圈温度、清洗水温，提升风量和清洁率等舒适性指标，成了消费者、生产企业、社会关注的重点，也是评价和选购电坐便器产品的重要指标。对电坐便器的安全性能、能效水平、舒适程度等指标的检测装置，广泛应用于家电行业的各大检测机构以及企业的试验室。

电坐便器的“安全、能耗、舒适性”检测装置作为一系列检测设备的综合体，涉及了被测产品的安全性能检测，如耐电压性能、接地电阻性能等；能耗性能检测，如耗电量、用水量等；以及舒适性能检测，如清洗水温、吹风噪声、清洁率等。为满足上述技术参数的测量需求，电坐便器的检测装置必然包含诸多测量仪器仪表，例如，温度传感器、风速测量仪、电参数测量仪、噪声测试装置等。而为了确保上述仪器仪表的测量数据准确可靠，保障测试数据具有较好的复现性和一致性，那么对仪器仪表的有效计量便是必不可少的程序。当所有测量设备通过适当的计量活动，保证了其测量数据的有效计量溯源后，则可以进一步提高厂家的研发技术能力，从而提升用户的使用体验。

在电坐便器检测设备可能涉及的众多计量项目中，以下述三项具有代表性的计量参数为例进行简述。

（一）温度测量仪表

该仪表可测量电坐便器出水温度、吹风温度、坐圈温度，测量范围为0 ℃~100 ℃，最大允许误差为±0.5 ℃。对温度测量仪表的计量通常依据JJG 874—2007《温度指示控制仪》或 JJF 1171—2007《温度巡回检测仪校准规范》进行，使用标准水银温度计作为计量标准器，采用比较法实施计

量。计量时将温度测量仪表的测温传感器插入恒温槽中，与标准水银温度计示值进行比较，待示值稳定后，分别读取标准温度计和被校传感器温度测试仪表的示值，计算两者差值。

（二）电参数测量仪表

该仪表通常用来测量电压、电流、电功率等电量参数，在电坐便器检测项目中主要用于测量产品用电量，直接关系到产品能效等级的评定；其测量范围通常为0.01 kW～0.50 kW，最大允许误差为±0.5%。对电参数测量仪表的计量可依据JJF 1491—2014《数字式交流电参数测量仪校准规范》进行，使用多功能校准源作为计量标准器，采用直接测量法实施计量。计量时利用多功能校准源输出交流功率的标准信号对被测仪表进行直接测量，分别读取标准器示值与电参数测量仪的被校准示值，计算两者差值。

（三）耐电压测量仪

该仪表用于测量电坐便器产品在承受高于额定工作电压的异常高电压时的电气绝缘强度性能，关系到产品的电气安全，其测量范围通常为工作电压0 V～5 000 V，击穿电流0 mA～200 mA，最大允许误差±5.0%。对耐电压测量仪的计量依据为JJG 795—2016《耐电压测试仪》，计量标准器可选用精密高电压表与高精度数字电流表，以比较测量的方法分别测量耐电压测量仪的输出电压和击穿电流，可得出两项参数的误差值，进而确定被测仪表准确度。

三、测量不确定度的评定

测量不确定度是指“根据所用到的信息，表征赋予被测量量值分散性的非负参数”。测量不确定度是一个定量说明给出的测得值的不可确定程度和可信程度的参数。例如：当得到测得值为$t=25$ ℃，$U=0.5$ ℃（$k=2$），就知道被测对象的温度为（25±0.5）℃，测得值不可确定区间是

24.5 ℃~25.5 ℃，在该区间内的包含概率约为95%。这样的测量结果比仅仅给出25 ℃表达了更多的信息。测量不确定度是说明被测量的测得值分散性的参数，它不说明测得值是否接近真值。无论是对产品检验检测还是仪表计量校准的测试数据，测量不确定度都是最终试验结果的重要组成部分，对于反映试验结果的可信任程度，提示隐藏风险，分析改进提高途径都具有重要的作用。因此，熟练掌握测量不确定度的评定方法、流程都是十分必要的。

下文将对测量不确定度评定进行简要介绍，并介绍几例电坐便器测试装置所用仪表计量结果的不确定度评定。

测量不确定度一般由若干分量组成，其中一些分量可根据一系列测得值的统计分布，按测量不确定度的A类评定方法（统计方法）进行评定，并用实验标准偏差表征。而另一些分量则可根据经验或其他信息假设的概率分布，按测量不确定度的B类评定方法（非统计方法）进行评定，也用标准偏差表征。

以标准偏差表示的测量不确定度称为标准不确定度。标准不确定度并不是指由测量标准引起的不确定度，而是指不确定度由标准偏差的估计值表示，表征测得值的分散性，用符号“u”表示。测量结果的不确定度往往由许多来源引起，对每个不确定度来源评定的标准偏差，称为标准不确定度分量，用u_i表示。

合成标准不确定度是指“由在一个测量模型中各输入量的标准测量不确定度获得的输出量的标准测量不确定度”。通俗地说，合成标准不确定度是由各标准不确定度分量合成得到的标准不确定度，用符号u_c表示。合成标准不确定度仍然是标准偏差，它是测得值标准偏差的估计值，它表征了测量结果的分散性。

扩展不确定度是指“合成标准不确定度与一个大于1的数字因子的乘积”。扩展不确定度由合成标准不确定度的倍数得到，即将合成标

准不确定度 u_c 扩展了 k 倍得到，用符号 U 表示，记为：$U=ku_c$。扩展不确定度确定了测量结果可能值所在的区间。通常情况下，测量结果可以表示为：$Y=y\pm U$。式中，y 是被测量的最佳估计值。被测量的值 Y 以一定的概率落在（$y-U$，$y+U$）区间内，该区间称为包含区间。计算扩展不确定度时，对合成标准不确定度所乘的大于 1 的系数称为包含因子。包含因子用符号 k 表示，k 的取值决定了扩展不确定度的包含概率，一般取 2 或 3；取 $k=2$ 时，则包含概率约为 95%，取 $k=3$ 时，则包含概率约为 99%。

评定不确定度时通常依照以下步骤进行：（1）明确被测量，必要时给出被测量的定义及测量过程的简单描述；（2）分析不确定度的来源并列出测量方法的数学模型；（3）评定测量模型中的各输入量的标准不确定度 $u(x_i)$，计算灵敏系数 c_i，从而给出与各输入量相对应的输出量 y 的不确定度分量 $u_i(y_i)=|c_i|u(x_i)$；（4）计算合成标准不确定度 $u_c(y)$，计算时应考虑各输入量之间是否存在值得考虑的相关性，对于非线性测量模型则应考虑是否存在值得考虑的高阶项；（5）列出不确定度分量的汇总表，表中应给出每一个不确定度分量的详细信息；（6）对被测量的概率分布进行估计，并根据概率分布和所要求的包含概率确定包含因子 k；（7）在无法确定被测量 y 的概率分布状态时，或该测量领域有直接规定时，也可以直接取包含因子 $k=2$；（8）由合成标准不确定度 u_c 和包含因子 k 的乘积，计算得到扩展不确定度 U；（9）给出对测量不确定度的最后陈述，其中应给出关于扩展不确定度的足够信息。利用这些信息，至少应该使用户能根据所给的扩展不确定度进而评定其测量结果的合成标准不确定度。

下面分别从电磁学、热学两类计量学专业领域对不确定度的评定进行说明。

（一）耐电压测试仪计量结果不确定度的评定

a）概述

耐电压测量仪作为电坐便器安全性能检测的重要仪器，对其性能的计量依据 JJG 795—2016《耐电压测试仪》进行，使用数字高压表、高精度数字电流表作为计量标准器，对被计量耐电压测量仪的输出电压与击穿电流进行计量，见表 4.11。

表 4.11　耐电压测量仪计量仪表测量性能

	名称	测量范围	不确定度或最大允许误差
计量标准器	数字高压表	0.500 kV～10.00 kV	$U_{rel}=0.3\%$（$k=2$）
被计量仪表	耐电压测试仪	电压：0.500 kV～10.00 kV； 电流：0.1 mA～200 mA	MPE=±5%

b）不确定度评定流程

1）测量模型：

$$\Delta U=U_x-U_s$$

式中：ΔU——电压误差，V；

U_x——被计量耐电压测试仪标称电压值，V；

U_s——数字高压表实测电压值，V。

2）不确定度来源分析：

耐电压测试仪电压值校准结果不确定度来源主要包括：

——被计量耐电压测试仪示值多次重复测量引入的标准不确定度 u_1；

——被计量耐电压测试仪仪表显示分辨力引入的不确定度分量 u_2；

——标准器允许误差引入的不确定度分量 u_3；

——标准器溯源不确定度引入的不确定度分量 u_4。

3）不确定度分量确定：

选取直流电压 0.5kV 测量点的计量结果进行不确定度评定。

①被计量耐电压测试仪示值多次重复测量引入的标准不确定度 u_1

根据对被计量耐电压测试仪重复测量得到10组原始数据，则标准不确定度 $u_1=s/\sqrt{10}$。原始数据和 u_1，见表4.12。

表4.12　耐电压测量仪重复性测量数据

序号	1	2	3	4	5	6	7	8	9	10
示值	0.496	0.498	0.494	0.505	0.509	0.495	0.493	0.496	0.508	0.506

$$u_1=\sqrt{\frac{\sum_{i=1}^{n}(x_i-\bar{x})^2}{\sqrt{n-1}}}/\sqrt{n}=0.002\ \text{kV}$$

②被计量耐电压测试仪仪表显示分辨力引入的不确定度分量 u_2

被计量耐电压测试仪分辨力为0.001 kV，则可知其显示分辨力引入的标准不确定度为：

$$u_2=0.001/2\sqrt{3}=0.00029\ \text{kV}$$

③标准器允许误差引入的不确定度分量 u_3

依据数字高压表说明书可知，直流电压允许误差＝测量点×0.5%＋量程×0.03%，按照均匀分布考虑。则在校准直流电压0.5 kV时允许误差引入的标准不确定度 u_3 如下所示：

$$u_3=(0.5\times0.005+10\times0.0003)/\sqrt{3}=0.0032\ \text{kV}$$

④标准器溯源不确定度引入的不确定度分量 u_4

依据数字高压表计量证书，其不确定度为0.3%（$k=2$），则其校准直流电压0.5 kV时，其标准不确定度为：

$$u_3=0.5\times0.003/2=0.00075\ \text{kV}$$

4）不确定度分量汇总（见表4.13）

表 4.13　不确定度分量汇总表

标准不确定度分量	不确定度来源	标准不确定度	c_i	$u(x_i)$
u_1	被计量耐电压测试仪示值多次重复测量引入的标准不确定度	0.002	1	0.002
u_2	被计量耐压测试仪仪表显示分辨力引入的不确定度分量	0.00029	1	0.00029
u_3	标准器允许误差引入的不确定度分量	0.0032	-1	0.0032
u_4	标准器溯源不确定度引入的不确定度分量	0.00075	-1	0.00075

5）合成标准不确定度

$$u_c = \sqrt{\sum_{i=1}^{n} u_i^2} = 0.0039\ \text{kV}$$

6）扩展不确定度

取包含概率 $p=95\%$，包含因子 $k=2$。

$$U = k \cdot u_c = 0.0078\ \text{kV}\ (k=2)$$

四、数字温度测量仪表计量结果不确定度的评定

（一）概述

数字温度测量仪表广泛应用于电器检测领域，在电坐便器出水温度、坐圈温度、吹风温度等项目的检测中更是核心测量设备。如表 4.14 所示，对采用测温热敏电阻或其他半导体类测温传感器的数字式温度指示仪、温度指示控制仪，温度巡检仪等仪表的计量可依据 JJG 874—2007《温度指示控制仪》、JJF 1171—2007《温度巡回检测仪校准规范》进行，使用标准水银温度计或标准铂电阻温度计作为计量标准器，对被计量数字温度测量仪表的示值误差进行计量。

表 4.14　温度测量仪计量仪表测量性能

	名称	测量范围	技术指标
计量标准器	标准水银温度计	−30 ℃～300 ℃	分度值：0.1 ℃
	恒温水槽	−30 ℃～100 ℃	温度波动度：±0.015 ℃/15 min
被计量仪表	温度指示控制仪	−30 ℃～100 ℃	分度值：0.01 ℃

（二）不确定度评定流程：

a）测量模型

$$\Delta t = t_s + \Delta t_s - t$$

式中：

Δt——被检温度指示控制仪显示的示值修正值；

t_s——标准水银温度计示值偏差平均值；

Δt_s——标准水银温度计的示值修正值；

t——被检温度指示控制仪显示的温度示值偏差平均值。

b）不确定度来源分析

数字温度测量仪表的不确定度来源于以下几方面：

——标准水银温度计读数分辨力引入的不确定度 u_1；

——标准水银温度计读数视线不垂直引入的不确定度 u_2；

——标准水银温度计计量溯源引入的不确定度 u_3；

——被计量仪表测量重复性引入的不确定度 u_4；

——被计量仪表读数分辨力引入的不确定度分量 u_5；

——恒温槽温场不均匀性引入的不确定度 u_6；

——恒温槽温度波动引入的不确定度 u_7。

c）不确定度分量确定

选取−30 ℃温度点的计量结果进行不确定度评定。

1）标准水银温度计读数分辨力引入的不确定度 u_1

采用 B 类方法评定。标准水银温度计的分度值为 0.1 ℃，其读数分辨力为 0.01 ℃，按均匀分布，取 $k=\sqrt{3}$ 可得：

$$u_1 = 0.01/\sqrt{3} = 0.0058\ ℃$$

2）标准水银温度计读数视线不垂直引入的不确定度 u_2

采用 B 类方法评定。标准温度计读数视线不垂直引入的不确定度分量，偏差估算为 0.005 ℃，按反正弦分布，取 $k=\sqrt{2}$ 可得：

$$u_2 = 0.005/\sqrt{2} = 0.0035\ ℃$$

3）标准水银温度计计量证书引入的不确定度 u_3

采用 B 类方法评定。当校准温度为-30 ℃时，根据计量证书，所给出标准温度计的最大偏差值为 0.03 ℃（$k=2$），可得其不确定度：

$$u_3 = 0.03/\sqrt{3} = 0.017\ ℃$$

4）被计量数字式温度测量仪表测量重复性引入的不确定度 u_4

采用 A 类方法评定。当校准温度为-30℃时，被校温度指示控制仪示值偏差重复性测量数据，见表 4.15。

表 4.15　测量数据

序号	1	2	3	4	5	6	7	8	9	10
示值	-30.02	-30.04	-30.01	-30.02	-30.03	-30.02	-30.02	-30.02	-30.04	-30.04

$$u_4 = \sqrt{\frac{\sum_{i=1}^{n}(x_i - \bar{x})^2}{\sqrt{n-1}}} / \sqrt{n} = 0.0034\ ℃$$

5）被计量数字式温度测量仪表读数分辨力引入的不确定度分量 u_5

采用 B 类方法评定。被检温度指示控制仪的读数分辨力为 0.01 ℃，按均匀分布，取 $k=\sqrt{3}$ 可得：

$$u_5 = 0.01/\sqrt{3} = 0.0058\ ℃$$

6）恒温槽温场不均匀性引入的不确定度 u_6

采用 B 类方法评定。当温度在-30 ℃时，根据计量证书，恒温槽工作区域内不均匀度最大偏差为 0.015 ℃，按均匀分布，取 $k=\sqrt{3}$ 可得：

$$u_6 = 0.015/\sqrt{3} = 0.0087\ ℃$$

7）恒温槽温度波动引入的不确定度 u_7

采用B类方法评定。当温度在-30 ℃时，根据计量证书，波动度最大偏差为0.015 ℃，按均匀分布，取 $k=\sqrt{3}$ 可得：

$$u_7=0.015/\sqrt{3}=0.0087\ ℃$$

d）不确定度分量汇总（见表4.16）

表4.16　不确定度分量汇总表

标准不确定度分量	不确定度来源	标准不确定度	c_i	$\lvert c_i \rvert u(x_i)$
u_1	标准水银温度计读数分辨力引入的不确定度	0.0058	1	0.0058
u_2	标准水银温度计读数视线不垂直引入的不确定度	0.0035	1	0.0035
u_3	标准水银温度计计量证书引入的不确定度	0.017	1	0.017
u_4	被计量温度指示控制仪测量重复性引入的不确定度	0.0034	-1	0.0034
u_5	被计量温度指示控制仪读数分辨力引入的不确定度	0.0058	-1	0.0058
u_6	恒温槽温场不均匀性引入的不确定度	0.0087	-1	0.0087
u_7	恒温槽温度波动引入的不确定度	0.0087	-1	0.0087

e）合成标准不确定度

$$u_c=\sqrt{\sum_{i=1}^{7}u_i^2}=0.023\ ℃$$

f）扩展不确定度

取包含概率 $p=95\%$，包含因子 $k=2$。

$$U=k\cdot u_c=0.046\ ℃\ (k=2)$$

第四节 测试与试验

本章节将对 GB/T 23131—2019《家用和类似用途电坐便器便座》的第 6 章“试验方法”和附录 A、附录 B、附录 C 的部分进行解读。在电坐便器开始试验前，试验条件应满足标准第 6.1 的要求。

【标准条款】

6.1 试验要求

6.1.1 除另有规定外，试验环境条件应满足：

a）环境温度：(20±5)℃；

b）相对湿度：40%~70%；

c）无外界气流、无强烈阳光和其他热辐射作用。

6.1.2 电源：单相交流正弦波，电压及频率波动范围不得超过额定值的±2%。

6.1.3 水源水温：(15±2)℃。

6.1.4 水源压力：(0.20±0.05) MPa。

6.1.5 试运转：应按照产品使用说明规定方法操作，并能完成产品使用说明所述各项功能。

6.1.6 电便座应按照使用说明的相关规定运行。

6.1.7 标准运行模式：电便座水温、水压、坐圈温度为最高挡位，关闭坐便器盖运行 8 min；打开坐便器盖，以臀部清洗功能运行 1 min。如有吹风功能，以最大挡位运行 1 min；如无吹风功能，电便座仍运行 1 min。

【理解要点】

（1）本条规定了电坐便器试验的环境温湿度、试验电源、试验水温、试验水压。

（2）器具试验前应按使用说明规定的相关要求运行，使用说明所述各项功能至少进行3次试运行。

（3）标准运行模式是GB/T 23131—2019修订的重要改进内容。在上一版标准的测试项目中，因电坐便器生产企业对产品设置程序存在较大差异，给测试过程带来很多不便，本次标准修订过程，增加了标准运行模式的内容，为器具的测试提供了统一的程序，减少了因试验人员对标准理解不同而产生影响，提高了试验过程的可操作性。

（4）在标准运行模式开启前，器具坐圈温度应与试验环境温度接近，器具所有水路中的水温应为（15±2）℃。

一、清洁性能试验

（一）清洁率试验方法

【标准条款】

6.2.1　清洁率 电便座在标准运行模式下，按照附录A的规定试验。

【理解要点】

（1）清洁率测试是在标准运行模式下进行的。

（2）在不影响清洁率结果的前提下，清洁率测试过程中可根据实际情况减少坐圈加热时间。（由于标准运行模式中前8 min坐圈加热功能开启，但是坐圈加热温度的高低对清洁率基本不会产生影响。）

（二）模拟人体排泄物

【标准条款】

A.1　模拟人体排泄物

A.1.1　配方

按表 A.1 的成分配制模拟人体排泄物。

表 A.1　模拟人体排泄物成分表

成分	质量或体积
碳酸钙（$CaCO_3$）（分析纯）	100.0 g
海藻酸钠（$C_5H_7O_4COONa$）（分析纯）	1.0 g
甲基蓝（$C_{37}H_{27}N_3Na_2O_9S_3$）（分析纯）	0.2 g
蒸馏水	76 mL

A.1.2　配制

按照如下方法进行配制：

a）将称取的 100 g 碳酸钙和 1 g 海藻酸钠倒入同一个烧杯中，用玻璃棒按同一方向搅拌 10 min；

b）称取 0.2 g 甲基蓝，放入烧杯中，向其中注入 76 mL 的蒸馏水，用玻璃棒搅拌约 5 min；

c）将搅拌均匀的碳酸钙和海藻酸钠混合粉末放入一个玻璃容器中，甲基蓝溶液缓慢均匀地倒入玻璃容器中，边倒入边用玻璃棒搅拌，将液体完全倒入后，用玻璃棒搅拌至少 30 min，直到模拟人体排泄物颜色均匀，表面光滑。

【理解要点】

（1）碳酸钙（$CaCO_3$）为本标准物质的基体。

（2）海藻酸钠（$C_5H_7O_4COONa$）的作用为黏度调和剂。

（3）甲基蓝（$C_{37}H_{27}N_3Na_2O_9S_3$）的作用为调色剂。

（4）蒸馏水为本标准物质的溶剂。

（5）如需大量配制本标准物质，可将各组成成分按比例增加。

（6）原材料的选取及配制方法，详见本章第二节标准物质所述。

（三）试验前的准备

【标准条款】

A.2.1　试验前的准备

A.2.1.1　试验负载的准备

试验负载载体采用透明有机玻璃板，厚度至少为 5 mm，在其上加工（50±0.2）mm×（20±0.2）mm×（$3_{-0.2}^{0}$）mm 槽，载污槽表面粗糙度 $Ra100$。如图 A.1 所示，并称取透明有机玻璃板质量 W_0。

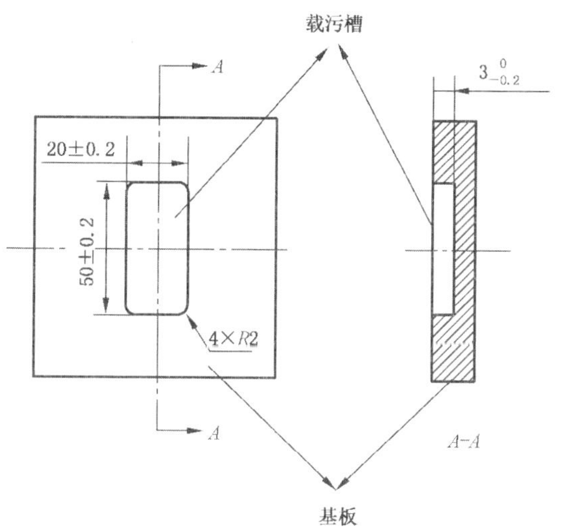

图 A.1　试验基板尺寸示意图

A. 2. 1. 2　涂抹模拟人体排泄物

将模拟人体排泄物均匀地涂抹到载污槽内并涂满压实刮平，将涂有模拟人体排泄物的透明基板水平静置 1 min 后，称量基板及模拟人体排泄物的总质量 W_1。

A. 2. 1. 3　安装和调整

将基板平行于水平面放置，按下电便座的臀洗按钮，调整冲洗水压至最强。通过调整基板垂直方向高度使喷嘴出水口至基板载污槽中心 50 mm，喷射水流方向与载污槽中心对齐（如图 A. 2 所示）。

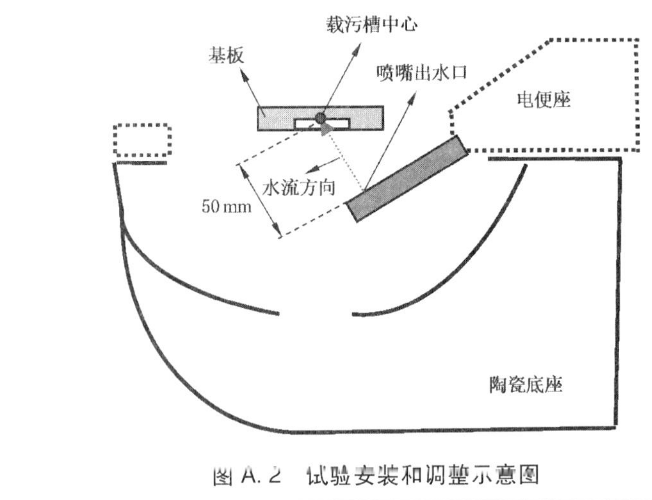

图 A. 2　试验安装和调整示意图

【理解要点】

（1）本条规定了清洁率测试用的试验基板及载污槽的要求，利用试验基板开槽的方式（如图 4.7 所示）代替了上一版标准中的耐水砂纸（如图 4.6 所示），模拟人体排泄物的载体尺寸也由上一版标准中的 100 mm×20 mm 变更为载污槽规格（50±0. 2）mm×（20±0. 2）mm×（$3_{-0.2}^{0}$）mm，更接近于实际使用情况。

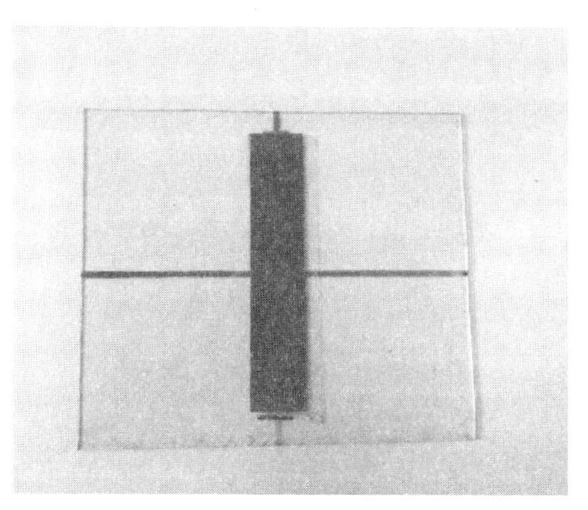

图 4.6 耐水砂纸

图 4.7 试验基板

（2）通过对试验基板位置的调整（如图 4.8 所示），使载污槽中心与喷水水流方向对齐，载污槽中心距离喷嘴出水口为 50 mm，确定试验基板位置，为清洁率试验做好准备。

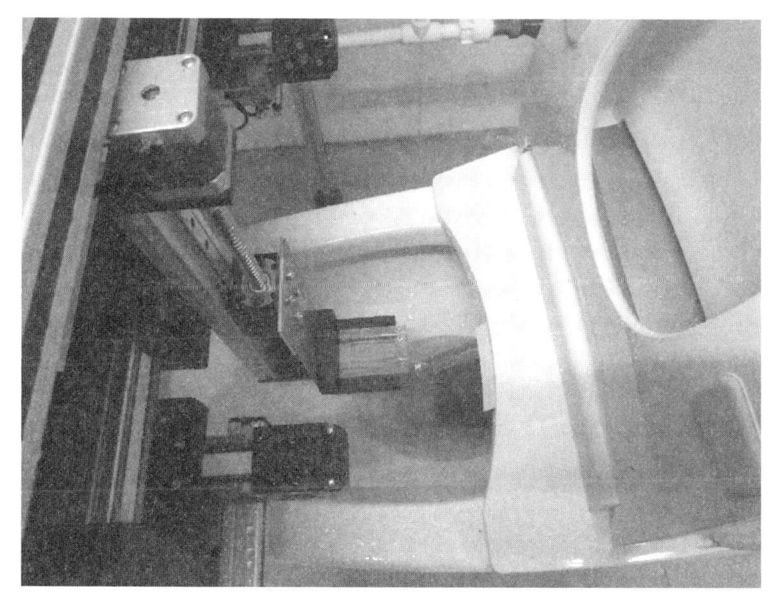

图 4.8 试验基板位置调整图

（3）称取 3 g~3.2 g 模拟人体排泄物，将其均匀涂抹在载污槽内，测试前将涂抹完成的模拟人体排泄物静置 1 min，并称其总质量。

（四）试验过程

【标准条款】

> **A. 2. 2 试验过程**
>
> 调整电便座至水温最高挡、冲洗水压最强，按下器具臀洗按钮（具有自动移动功能开启），运行 1 min。运行结束，将残留的模拟人体排泄物和基板用吸水纸吸取表面水分，再次称其质量，将其总质量的实测值记录为 W_2。
>
> 按上述试验方法试验 3 次，试验时间间隔以每次启动至将冲洗水温加热到最高温度的时长为准，取 3 次试验算术平均值。

【理解要点】

（1）器具选择水温最高、水压最强的挡位，臀部清洗程序运行 1 min，时间从按下臀部清洗按键开始计时，到按下停止按键计时结束。

（2）臀部清洗时具有自动调节喷嘴位置的功能开启，手动调节喷嘴位置功能不开启。因试验人员操作手动调节喷嘴位置存在差异，导致试验结果复现性差，为了避免此种现象的发生，所以手动调节功能不开启。

（3）清洁率测试时，确保每次冲洗水温达到最高水温，以免影响测试结果。

（4）清洁率测试进行 3 次，取 3 次结果的算术平均值。

（5）测试示例如图 4.9 所示。

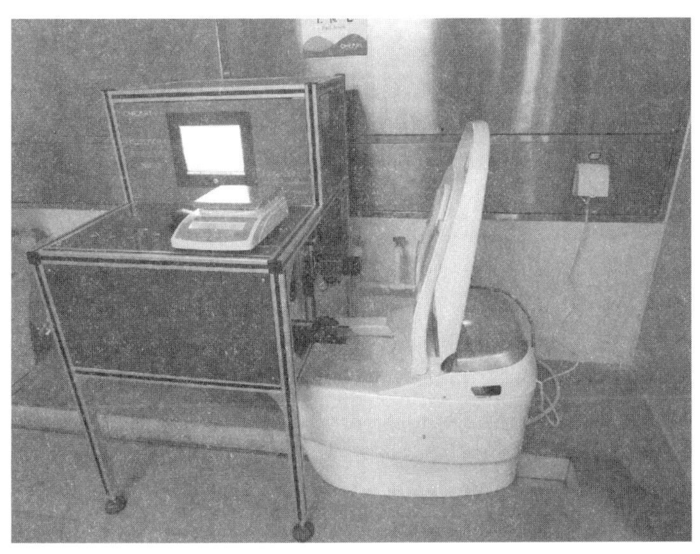

图 4.9　清洁率测试图

（五）清洁率计算

【标准条款】

A.3　清洁率计算

清洁率按式（A.1）计算：

$$C=\frac{W_1-W_2}{W_1-W_0}\times 100\% \tag{A.1}$$

式中：

C——清洁率；

W_0——透明基板质量，单位为克（g）；

W_1——冲洗前基板和模拟人体排泄物的总质量，单位为克（g）；

W_2——冲洗后基板和剩余模拟人体排泄物的总质量，单位为克（g）。

【理解要点】

（1）透明基板 W_0、冲洗前总质量 W_1、冲洗后总质量 W_2，代入式中计算时精确到 0.01 g。

（2）清洁率 C 计算结果时精确到 0.01%。

（六）最大清洗流量

【标准条款】

6.2.2　最大清洗流量

按使用说明规定：选择最大流量清洗模式，用容器（如图 1 所示）收集清洗用水 60 s，称量并计算流量（水密度按 1 g/mL）。取 3 次算术平均值，作为最大清洗流量。.

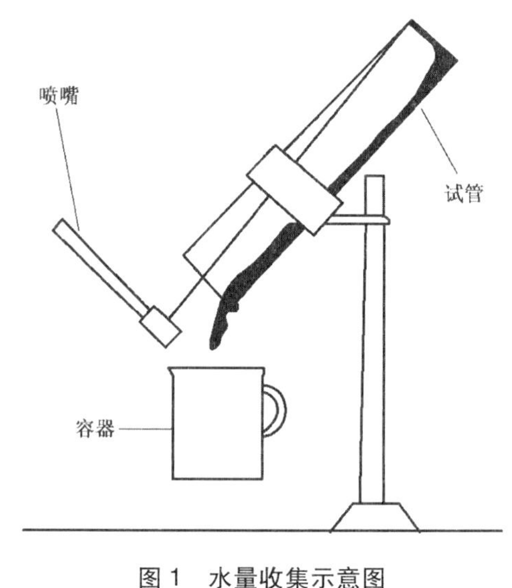

图 1　水量收集示意图

【理解要点】

（1）按使用说明规定选择最大清洗流量模式，如无法确定何种模式流量最大，应测量多种模式取最大值。

（2）从喷嘴喷出清洗用水开始计时，收集之后 60 s 的清洗水量。

（3）最大清洗流量可以用体积法读取，也可以用称重法进行计算。

（4）测量 3 次取平均值作为最终结果。

（七）出水温度稳定性

【标准条款】

> **6.2.3　出水温度的稳定性**
>
> 电便座在标准运行模式下，将温度传感器沿喷嘴出水方向，距喷嘴出水口 10 mm 处放置，测量整个清洗周期温度值，清洗周期初始 5 s 的清洗水流温度忽略不计。

【理解要点】

（1）出水温度稳定性在标准运行模式下进行。

（2）温度传感器放置在距离喷嘴出水口 10 mm 处。

（3）温度传感器采样频率不低于 0.2 s/次。

（4）从喷嘴喷出水流接触温度传感器开始计时，5 s 内的清洗水温忽略不计。

（八）出水温度的响应时间

【标准条款】

> **6.2.4　出水温度的响应时间**
>
> 电便座在标准运行模式下，将温度传感器沿喷嘴出水方向，距喷嘴出水口 10 mm 处放置，记录清洗水流接触温度传感器发生温度突变至水温达到 35 ℃的时间。

【理解要点】

（1）出水温度稳定性在标准运行模式下进行。

（2）温度传感器放置在距离喷嘴出水口 10 mm 处。

（3）固定温度传感器的位置靠近感温探头，避免因为清洗水流冲洗探头时造成位置的移动，给测试结果带来误差如图 4.10 所示。

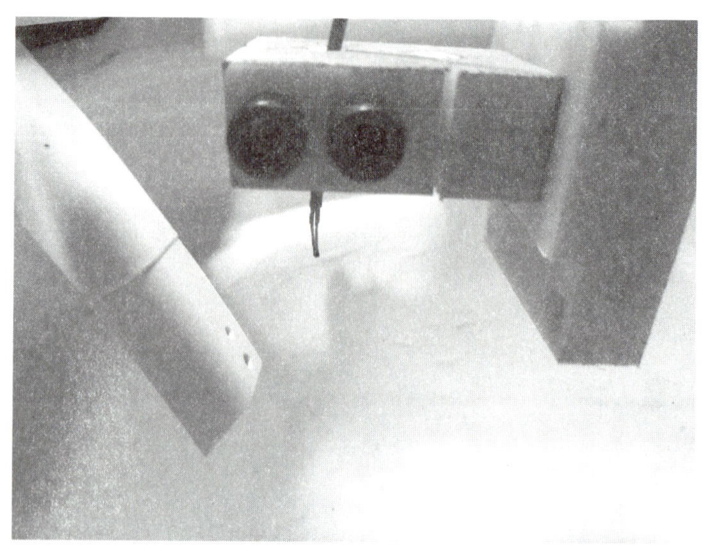

图 4.10　固定探头位置示例图

（4）温度传感器采样频率不低于 0.2 s/次。

（5）记录温度传感器接触水流发生温度突变的前一个采样时间至水温达到 35 ℃的时间，举例如表 4.17 和图 4.11 所示：

表 4.17　出水温度与时间

时间/s	温度/℃	时间/s	温度/℃
0	20.3	1.6	36.8
0.2	20.2	1.8	37.8
0.4	20.2	2.0	37.4
0.6	20.3	2.2	38.1
0.8	20.2	2.4	37.8
1.0	28.4	2.6	37.7
1.2	32.5	2.8	37.6
1.4	34.7	3.0	38.0

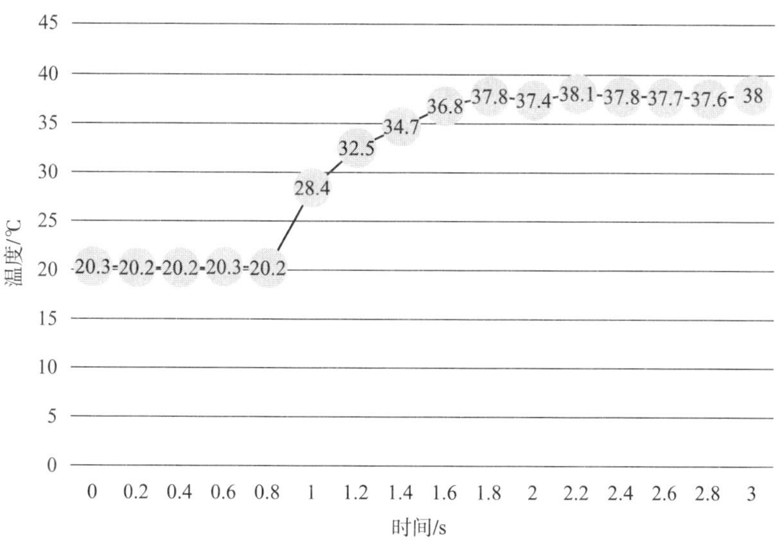

图 4.11　出水温度与时间曲线图

从图 4.11 的示例分析，测试过程分为以下 3 部分：

第 1 部分：0 s~0.8 s 清洗水未接触温度传感器，传感器测试的是环境温度；

第 2 部分：0.8 s~1.6 s 清洗水接触温度传感器并且水温处于升温状态，传感器测试的是清洗水的变化温度；

第 3 部分：1.6 s~3.0 s 清洗水温达到设定温度，传感器测试的是清洗水的稳定温度；

出水温度响应时间为 0.8 s，为此示列的第 2 部分。

二、吹风试验

（一）吹风温度

【标准条款】

6.3.1　吹风温度 试验环境温度要求：(23±2)℃。

按照如下步骤测量吹风温度：

a）将吹风风量和吹风温度设置到最大挡，将热电偶安装在直径为15 mm，厚度为1 mm的用铜或黄铜制成的被涂成黑色的圆板上，圆板与吹风吹出方向垂直；

b）测量平面定位在离外罩前端口、沿出风口垂直方向50 mm处的位置（如图2所示），测量时应确认测量处为温度最高点；

c）启动吹风模式30 s后开始测量，在150 s内持续测量各点温度，采样频率不低于1次/s，取温度最高值。

注1：如吹风口有防污水挡板，挡板在安装状态下进行测定。

注2：每次试验前，需将电便座冷却至室温。

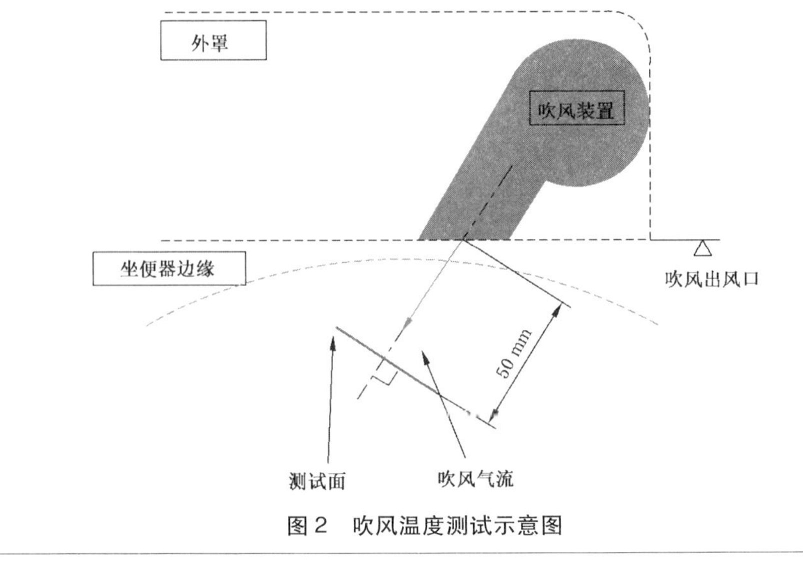

图2　吹风温度测试示意图

【理解要点】

（1）吹风温度测试时，环境温度为（23±2）℃。

（2）吹风温度测试时，器具选择风温最高、风量最大挡位。

（3）吹风温度测试时，热电偶安装在铜质或黄铜质的圆盘上，避免由于热电偶探头面积太小，而不利于温度的正确采集。

（4）安装热电偶的圆板要保持与出风方向垂直，若有倾斜则测量的温度会出现偏差。

（5）吹风温度测试前，在距离出风口 50 mm 的平面内进行多位置测量，以确定出风温度较高的区域。150 s 吹风温度测量时，通过局部调整热电偶的位置，确定最高温度的位置。

（二）吹风风量

【标准条款】

6.3.2　吹风风量

按照如下步骤测量吹风风速及风量：

a）关闭吹风温度调节装置。如果没有关闭挡，则将温度设置到“最低”挡位；

b）出风口截面的高度和长度分别记为 H 和 L（$L>H$），出风口截面面积为 S，测量点为出风口截面高度中心线均布的 3 个点，如遇风口格栅，测量点应在格栅旁边无遮挡处，如图 3 所示；

c）将尺寸为 $\phi 2\times 300$ mm 的 L 型毕托管沿吹风方向，尽量靠近出风口测点位置放置；

d）风速为 3 个风速测量点的算术平均值。

风量按式（1）计算：

$$Q = V_{\mathrm{F}} \times S \times 60 \times 10^{-6} \tag{1}$$

式中：

Q——风量，单位为立方米每分（m^3/min）；

V_{F}——吹风平均速度，单位为米每秒（m/s）；

S——出风口截面积，单位为平方毫米（mm^2）。

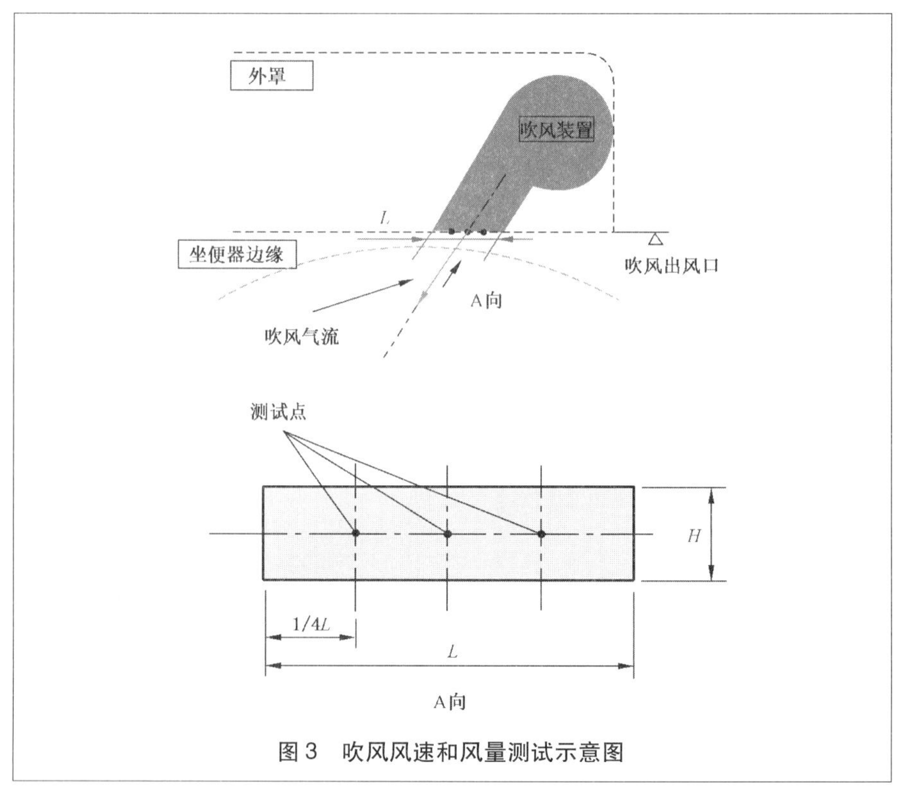

图3　吹风风速和风量测试示意图

【理解要点】

（1）吹风风量测试时，应关闭吹风温度，如该功能无法关闭，调节至风温最低挡。

（2）吹风风量测试前，应测量出风口截面长度和高度，测量精度精确到 1 mm。

（3）吹风风量测试前，确认出风口结构状态，避免风口格栅对测量点风速的影响。

（4）毕托管沿着吹风方向，尽量靠近出风口，如图 4.12 所示。

（5）取 3 点测量风速的算术平均值作为吹风平均风速，计算吹风风量。

图 4.12　毕托管位置图

（6）测试如图 4.13 所示。

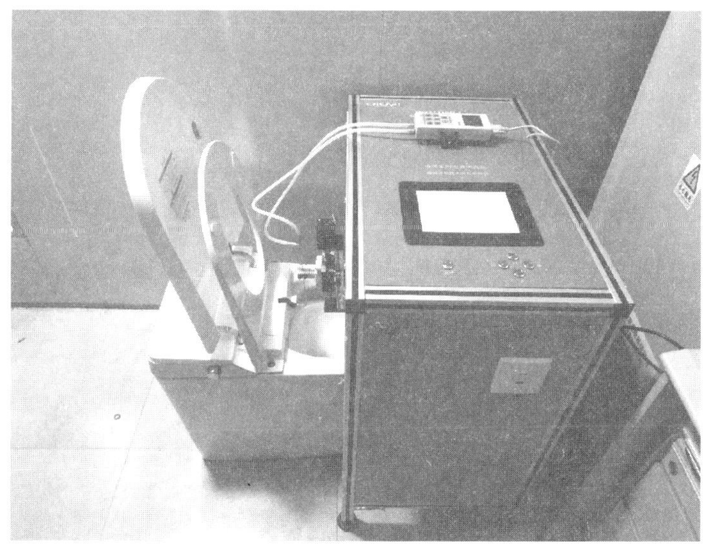

图 4.13　吹风风量测试图

（三）吹风噪声

【标准条款】

6.3.3 吹风噪声

按照 GB/T 4214.1 的相关规定，在半消音室内进行测试，以确定 A 计权声功率级噪声值。当电便座任意边长不超过 0.7 m 时，按图 4 所示测试声压级噪声值 L_p；当电便座任意边长超过 0.7 m 时，按图 5 所示测试声压级噪声值 L_p。

试验过程中电便座按正常使用状态安装在无水箱的陶瓷便座上，坐便器盖保持关闭状态，在标准运行模式下运行，测试吹风功能的声压级噪声值 L_p。

按式（2）计算声功率级噪声。

$$L_w = L_p + 10\lg\left(\frac{S}{S_0}\right) \tag{2}$$

式中：

L_w——声功率级噪声，单位为分贝（dB）；

L_p——声压级噪声，单位为分贝（dB）；

S——测量表面的面积，单位为平方米（m^2）；

S_0——标准面积，1 m^2。

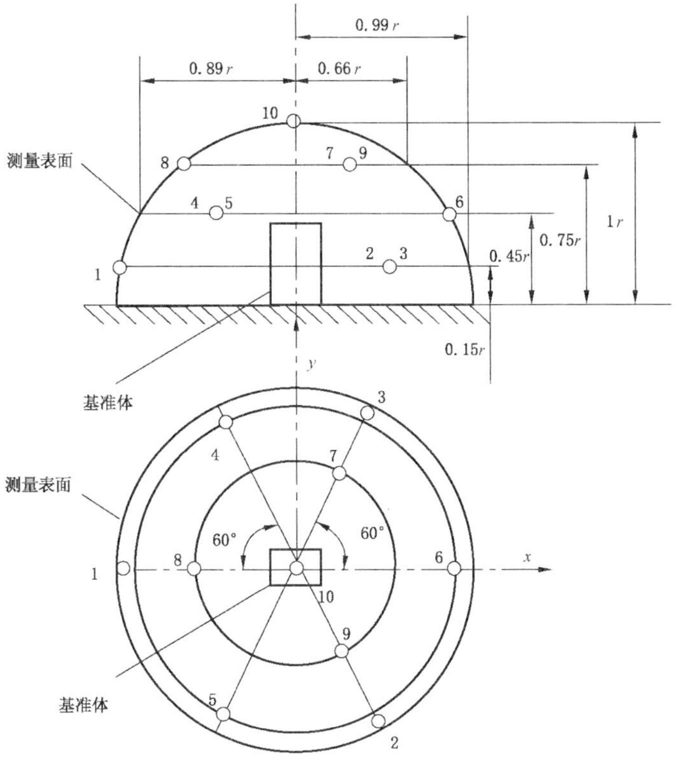

说明：

传声器位置坐标：

N_0	x/R	y/R	z/R
1	−0.99	0	0.15
2	0.50	−0.86	0.15
3	0.50	0.86	0.15
4	−0.45	0.77	0.45
5	0.45	−0.77	0.45
6	0.89	0	0.45
7	0.33	0.57	0.75
8	−0.66	0	0.75
9	0.33	−0.57	0.75
10	0	0	1.0

测量表面的面积：

$S=2\pi R^2$

图4　半球测量表面测试示意图

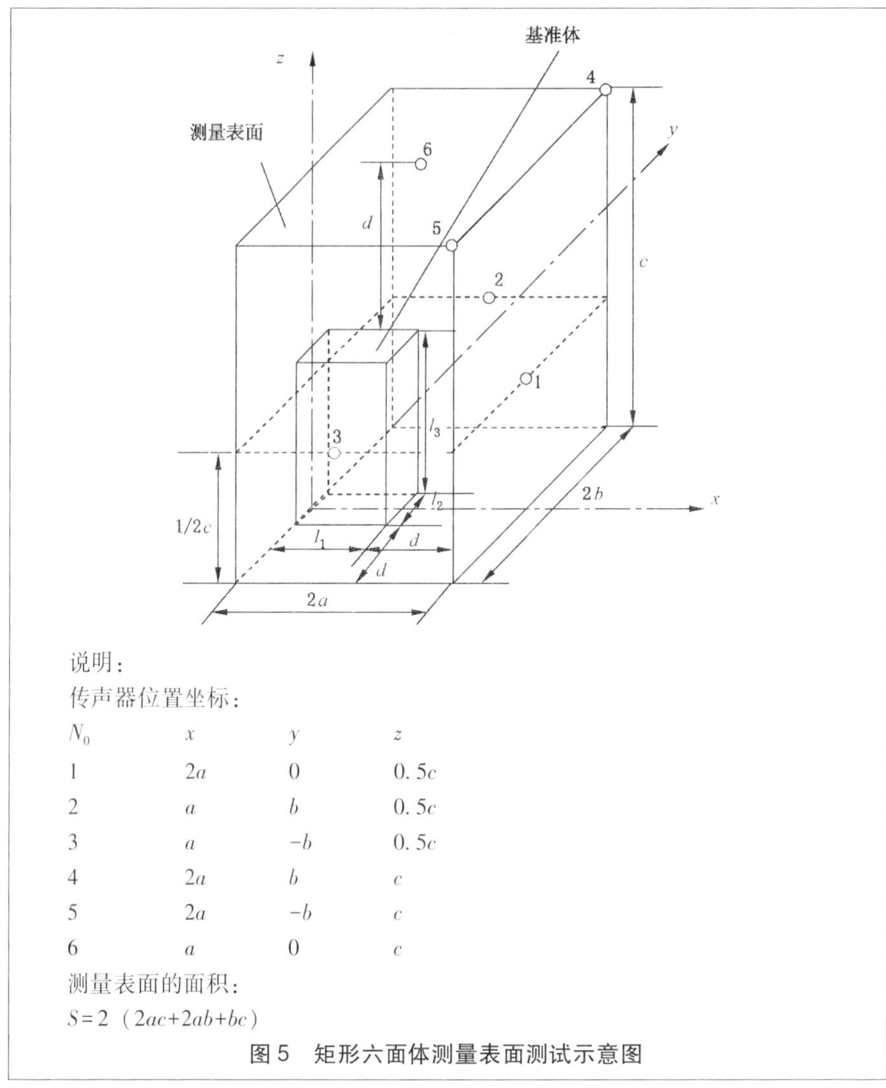

说明：

传声器位置坐标：

N_0	x	y	z
1	$2a$	0	$0.5c$
2	a	b	$0.5c$
3	a	$-b$	$0.5c$
4	$2a$	b	c
5	$2a$	$-b$	c
6	a	0	c

测量表面的面积：

$S=2\ (2ac+2ab+bc)$

图 5　矩形六面体测量表面测试示意图

【理解要点】

（1）器具的吹风噪声值用 A 计权的声功率级表示。

（2）吹风噪声测试是在标准运行模式下进行，如果确定坐圈加热及清洗功能对吹风噪声没有影响，可减少相应的操作。

（3）器具的外形尺寸不大于 0.7 m 选择半球测试表面，如图 4.14 所示。

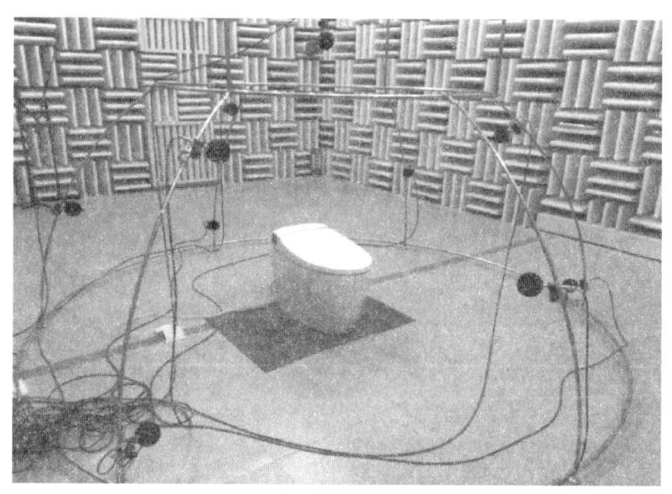

图 4.14　半球测试表面测试图

（4）器具的外形尺寸大于 0.7 m 选择矩形六面体测试表面，如图 4.15 所示。

图 4.15　矩形六面体测试表面测试图

（5）吹风噪声测试时，坐便器盖保持关闭状态。

三、坐圈加热试验

（一）坐圈表面温度

【标准条款】

6.4.1　坐圈表面温度

在环境温度（23±2）℃下进行下述试验。测试座温时，着座感应装置不能导通。试验步骤如下：

a）在与人体接触的坐圈区域内，使用热电偶测试坐圈区域表面的10个测点，如图6所示；

b）打开便盖，将电便座坐圈加热挡位置于温度最高模式，启动坐圈加热功能，放置30 min后，每隔2 min测一次，共测5次，测量10个测点的温度。

注：用尺寸为10 mm×10 mm的高温胶带覆盖热电偶，紧贴测量表面。

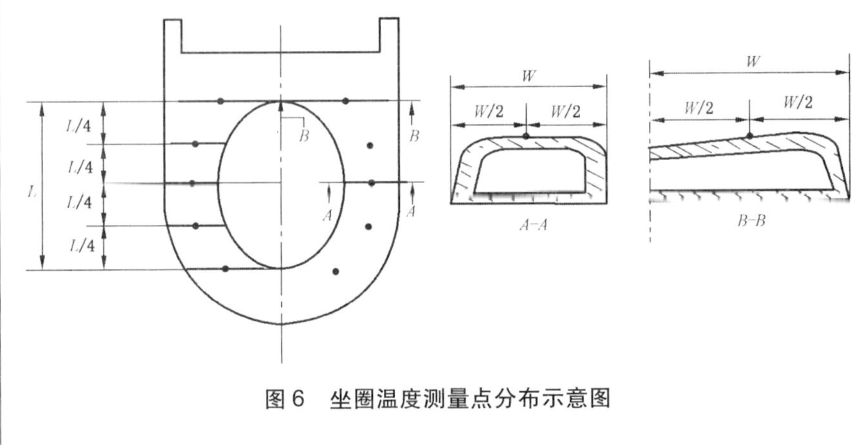

图6　坐圈温度测量点分布示意图

【理解要点】

（1）坐圈表面温度测试时，环境温度为（23±2）℃。

（2）坐圈表面温度测试时，选择坐圈加热温度最高模式。

（3）坐圈表面温度测试时，着座感应开关不能导通，因为着座感应开关启动后，可能导致坐圈表面温度下降。

（4）坐圈表面温度测试时，为确保每次测试的可重复性、操作性，现规定测试点编号位置如图 4.16 所示。

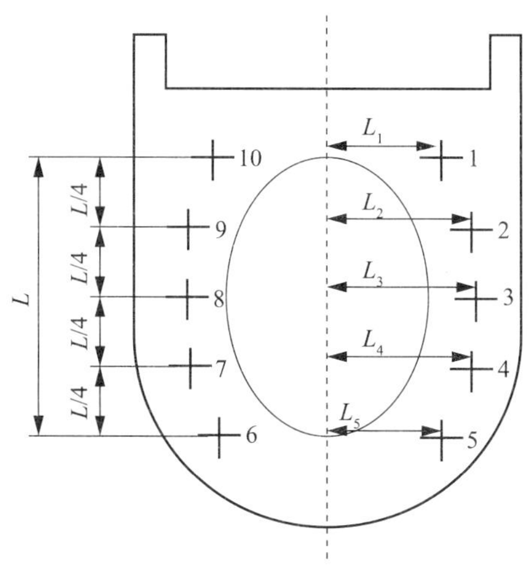

图 4.16　坐圈表面温度测点编号测试图

（5）坐圈表面温度测试时，热电偶粘贴时应避开着座感应开关。

（6）粘贴测试热电偶时应使用高温胶带，因为对热电偶的固定方式不同，坐圈温度测试存在差异，为保障试验数据的一致性，应严格按照标准要求进行试验。

（7）为了使器具充分预热，坐圈加热功能开启 30 min 后，每隔 2 min 取一次测试数据，共取 5 次，共 50 个测试结果，记录最高温度。

（8）坐圈温度测试示例如图 4.17 和图 4.18 所示。

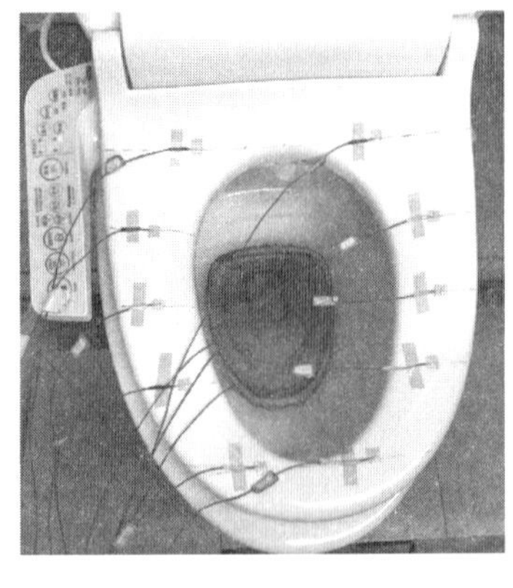

图 4.17　坐圈表面温度测点图

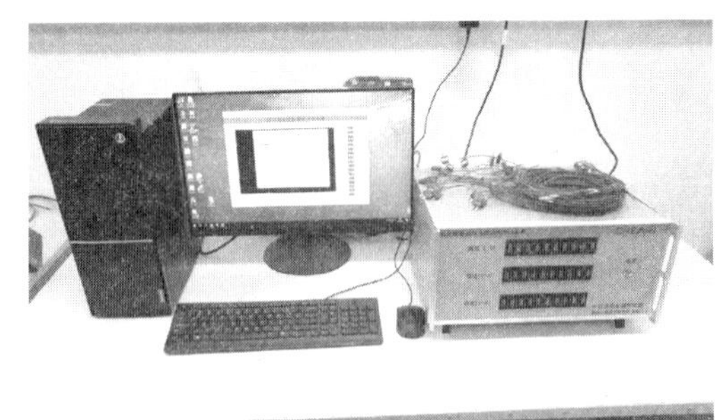

图 4.18　坐圈表面温度测试图

（二）坐圈表面温度均匀性

【标准条款】

6.4.2　坐圈表面温度均匀性

测试布点与测试方法同 6.4.1。

按式（3）计算坐圈表面温度均匀性。

$$\Delta t = t_i - \frac{1}{50}\sum_{i=1}^{50} t_i \tag{3}$$

式中：

Δt——温差，单位为摄氏度（℃）；

t_i——从第 i 个测点测得的温度，单位为摄氏度（℃）。

【理解要点】

（1）坐圈表面温度均匀性是用坐圈表面温度测试过程中记录的数据进行计算得出的结果。

（2）首先计算 50 个测点的温度平均值，用 50 个测点中的最大值与最小值分别与平均值进行比较，取较大值作为最大温差。

四、资源消耗试验

随着人民生活水平的不断提高，家用电器品种的日益增多，家庭用电量大幅增长，各种家电产品资源消耗越来越多，绿色节能是我国的可持续发展的重要驱动力，电坐便器在满足消费者使用需求的基础上，减少电能消耗，达到节能的效果。

同时，我国人均水资源量低，水资源的短缺已经成为我国经济可持续发展的障碍，高效合理地使用水资源将是电坐便器质量和品质的体现，是电坐便器未来发展的一个方向。

（一）用电量

a）测试要求

【标准条款】

6.5 用电量 6.5.1 测试要求 试验的环境温度为（23±2）℃。 电便座首次试验前在实验室环境中放置 24 h，每次试验前确保电便座处于试验环境温度。 电便座在标准运行模式下运行，测量整个过程的用电量。 清洁率、用电量在同等条件下检测，清洁率符合要求，用电量结果有效。

【理解要点】

（1）器具用电量测试时，环境温度为（23±2）℃，供水温度为（15±2）℃。

（2）器具用电量测试前，应充分运行，并在实验室环境中放置至少 24 h，确保器具与测试环境温度一致，减少测试误差。

（3）用电量在标准运行模式下进行测试。

（4）对图 4.19 即热式电坐便器用电量典型测试示例分析，0 min~8 min

器具静置阶段；8 min~9 min 开启臀部清洗功能，器具启动清洗水加热+坐圈加热功能；9 min~10 min 开启吹风功能，器具吹风干燥+坐圈加热功能启动。

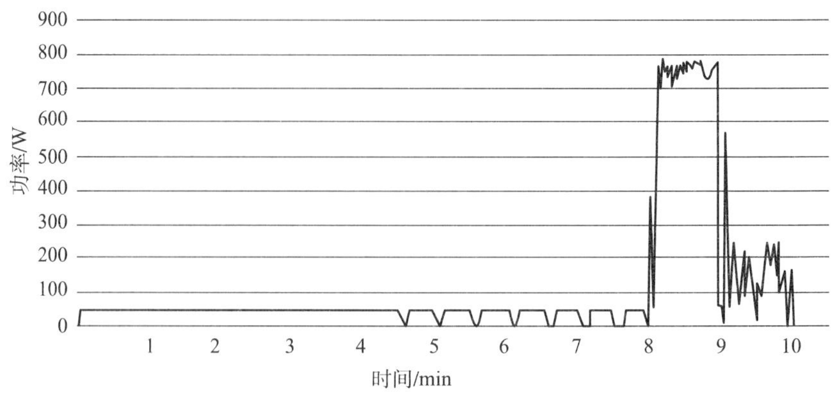

图 4.19　即热式电坐便器用电量典型测试图

（5）对如图 4.20 所示的储水式电坐便器用电量典型测试示例进行分析，0 min~8 min 器具静置阶段；8 min~9 min 开启臀部清洗功能，器具清洗水加热+坐圈加热功能启动；9 min~10 min 开启吹风功能，器具吹风干燥+坐圈加热功能启动。

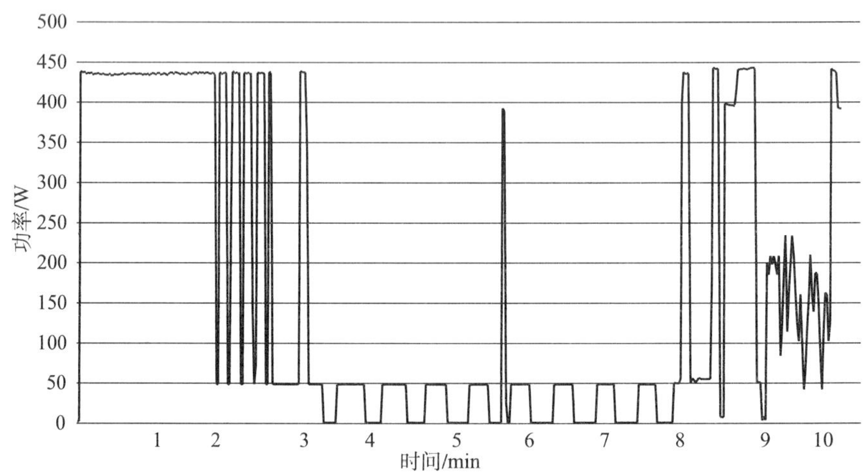

图 4.20　储水式电坐便器用电量典型测试图

b）用电量计算

【标准条款】

6.5.2　用电量计算

记录整个周期用电量，用电量按式（4）计算：

$$E=E_1+E_C \tag{4}$$

式中：

E——用电量，单位为千瓦时（kWh）；

E_1——用电量实测值，单位为千瓦时（kWh）；

E_C——冷水能量修正值，单位为千瓦时（kWh）。

冷水能量修正值按式（5）计算：

$$E_C=\frac{Q\times(t_C-15)}{860\times1000} \tag{5}$$

式中：

E_C——冷水能量修正值，单位为千瓦时（kWh）；

t_C——坐便器进水口试验用水的实测温度值，单位为摄氏度（℃）；

Q——按6.7的方法测得的用水量，单位为毫升（mL）。

进行3次试验，取3次的算术平均值作为该电便座的用电量。

【理解要点】

（1）器具用电量测试时，注意记录供水温度、用水量，为用电量修正计算做好准备。

（2）器具用电量需进行3次测试取算术平均值作为最终结果。

（二）用水量

【标准条款】

> 6.6　用水量
>
> 在标准运行模式下运行，测量整个过程的用水量。
>
> 清洁率、用水量在同等条件下检测，清洁率符合要求，用水量结果有效。
>
> 进行3次试验，取3次的算术平均值作为该电便座的用水量。

【理解要点】

（1）器具用水量在标准运行模式下进行测试。

（2）用水量测试时，需要收集的水是从按下臀部清洗键至按下停止键，器具所消耗的所有水量，包括：喷嘴自洁、喷嘴喷出清洗用水、喷嘴收回后清洗用水等（不包括完成便器冲洗功能的水量）。

五、寿命试验

【标准条款】

> 6.7　耐久性
>
> 按使用说明要求，冲洗水温及强度设定最高挡，吹风功能设定最高挡。臀部冲洗30 s，妇洗30 s（如无该功能，以臀部冲洗功能再冲洗30 s），若有吹风功能，则运行30 s；上述运行模式为一个试验周期；每个周期之间停歇30 s。
>
> 试验结束后，电便座仍能完成使用说明规定的功能。

【理解要点】

（1）器具进行寿命测试时，清洗水温、清洗水压及吹风温度均设置最高挡位，坐圈加热功能不开启。

（2）器具进行寿命测试时，选择臀部清洗运行 30 s，妇洗运行 30 s，如无妇洗功能，再次选择臀部清洗运行 30 s，冲洗结束后，如器具具有吹风功能，选择吹风运行 30 s，以上为一个周期，每个周期间间隔 30 s。按上述周期时间计算，每个周期为 2 min，标准中要求器具需达到 25 000 次以上，以每天 12 h 寿命试验计算，共需 69.4 d，试验人员合理安排测试时间。

（3）耐久性测试后，器具应无机械损伤、触电、火灾、烫伤等风险，各项使用功能应能正常运行。

（4）寿命测试示例如图 4.21 所示。

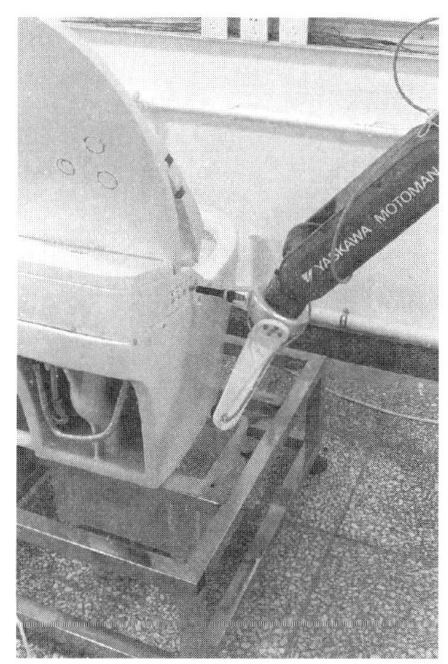

图 4.21　寿命测试现场

六、健康特性试验

（一）抗菌

【标准条款】

6.8.1　材料抗菌率、防霉等级按 GB 21551.2 规定进行。

【理解要点】

（1）抗菌测试方法主要有贴膜法、吸收法、振荡法等。贴膜法适用于非吸水性且可制成一定面积的材料、零部件；吸收法适用于吸水性且可制成一定面积的材料、零部件；振荡法适用于吸水性或非吸水性的不规则形状的材料、零部件。

（2）测试可从待测样品上直接剪取，如果受样品的形状所限，直接采集试验样品有困难，可采用与样品相同的原材料和加工方法制成试验样品。

（3）目前，坐便器中采用的抗菌材料多采用贴膜法进行测试，贴膜法测试采用的是 50 mm×50 mm 的样块，共 6 块。

（二）防霉

【标准条款】

6.8.1　材料抗菌率、防霉等级按 GB 21551.2 规定进行。

【理解要点】

（1）防霉测试采用的是 50 mm×50 mm 的样块，共 3 块，测试菌种为黑曲霉、土曲霉、宛氏拟青霉、绳状青霉、出芽短梗霉、球毛壳六种霉菌的混合孢子悬液。

（2）测试可从待测样品上直接剪取，如果受样品的形状所限，直接采集试验样品有困难，可采用与样品相同的原材料和加工方法制成试验样品。

（3）GB 21551.2 应用的版本为 2010 版，该标准在 2018 年进行了修订，修订版已报批，发布后将按照最新版执行。

（三）抗菌、防霉材料有害物质释放量

【标准条款】

> **6.9　结构及材料**
>
> 5.9.4 项目按 GB 21551.1—2008 附录 A 的方法进行测试。

【理解要点】

（1）试样可从产品上直接获取或送检与产品同材质、同工艺的样块，试样大小应能满足测试项目的需要。建议采用 5 cm×5 cm 的样块，共 16 块。

（2）试样预处理、试样浸泡、浸泡液收集和保存根据 GB 21551.1—2008 附录 A 的方法进行。

（3）GB 21551.1—2008 附录 A 中规定，综合指标（蒸发残渣、高锰酸钾），重金属项目（铅、镉、砷、汞），单体项目（氯乙烯、丙烯腈）的试验方法按《生活饮用水检验规范》进行。因《生活饮用水检验规范》已作废，目前现行采用 GB/T 5750—2006《生活饮用水标准检验方法》，具体见表 4.18。

表 4.18　生活饮用水检验方法

序号	项目		试验方法
1	综合指标（水浸泡液）	蒸发残渣	GB/T 5750.4，8
2		高锰酸钾消耗量	GB/T 5750.7，1
3	重金属（酸浸泡液）	铅	GB/T 5750.6，11
4		镉	GB/T 5750.6，9
5		砷	GB/T 5750.6，6
6		汞	GB/T 5750.6，8
7	单体	氯乙烯	GB/T 5750.8，4 和附录 A
8		丙烯腈	GB/T 5750.8，15 和附录 A

（四）除菌性能试验方法

【标准条款】

6.8.2　电便座水路中的水、喷嘴、便器内壁等位置的除菌试验方法参见附录 B。

【理解要点】

本部分规定了对电坐便器水路中的水、喷嘴、便器内壁等位置的除菌测试方法。

a）范围

【标准条款】

B.1　范围 该方法适用于对电便座水路中的水、喷嘴、便器内壁等位置进行除菌的测试。其他位置或部件的除菌性能测试可参照本方法。

【理解要点】

（1）电坐便器由于其使用环境和使用方式，造成了某些部位极易受到微生物污染，污染比较严重的主要有：

——喷嘴：智能马桶的喷嘴是卫生死角，除了人体的排泄物可能飞溅其上，36℃～38℃的出水温度也十分适宜细菌、霉菌等的繁殖；

——内壁：刚刚冲完的马桶内壁上，细菌数量仍高达 10 万个；

——坐圈：坐圈上附着的细菌是马桶内侧的几倍。

另外，由于坐便器内的冲洗水直接与人体皮肤接触，其卫生状况也直接影响人体健康，因此对水路系统中的水进行除菌也是非常必要的。

（2）上述几个比较容易污染的部位，坐圈可以通过抗菌、防霉材料来实现，其余部位主要可以通过在电坐便器中增加紫外灯或者使用其他除菌技术达到去除微生物的效果。本章主要针对不同部位的除菌特点，规定了几种比较常用的除菌方法。

b）试验用菌

【标准条款】

> **B.2.1　试验用菌**
>
> **B.2.1.1　试验菌种的选择**
>
> 大肠埃希氏菌 *Escherichia coli* AS 1.90
>
> 金黄色葡萄球菌 *Staphylococcus aureus* AS1.89

【理解要点】

（1）中国科学院微生物研究所菌种保藏管理中心（AS）已变更为中国普通微生物菌种保藏管理中心（CGMCC），AS 菌株变更为 CGMCC 菌株，对应的菌株编号不变。

（2）试验采用的大肠埃希氏菌是革兰氏阴性菌（G^-），金黄色葡萄球菌是革兰氏阳性菌（G^+），为测试中最常使用的两种代表菌（见图 4.22）。

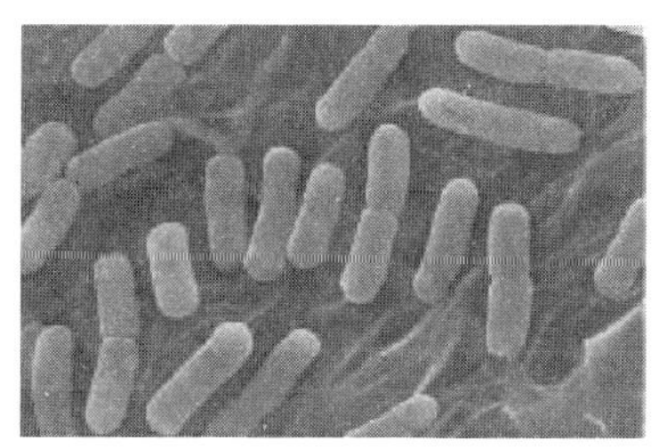

a）大肠埃希氏菌

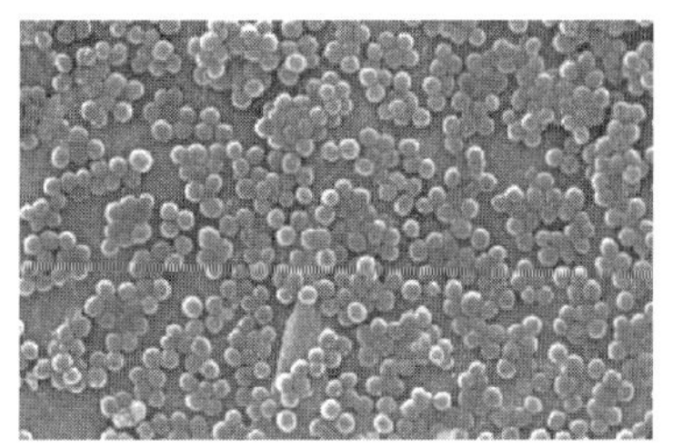

b）金黄色葡萄球菌

图 4.22　试验用菌示例图

c）试验用菌一般要求

【标准条款】

B.2.1.2　一般要求

试验菌种应符合以下基本要求：

a）根据使用要求，也可选用其他菌种或菌株作为试验用菌，但所有菌种或菌株应由国家相应菌种保藏管理中心提供并在报告中标明试验用菌种名称及分类号；

b）试验室要依据国家相关规定安全使用试验微生物，并且尽量选择非致病或低致病微生物；

c）培养菌种使用的各种培养基组分，要符合菌种保藏管理中心的要求；

d）所有涉及微生物操作的器皿和材料都要提前进行灭菌，首选湿热灭菌（121 ℃，20 min）；

e）适用于声称具有除菌作用的电便座；

f）每种细菌单独进行试验。

【理解要点】

（1）除了标准规定的大肠埃希氏菌和金黄色葡萄球菌，也可选用厕所环境中常见的白色念珠菌、粪肠球菌、痢疾杆菌等。最终的除菌率应注明测试采用的菌种名称。不论使用哪种微生物，不同的菌种均需单独进行测试。

（2）大肠埃希氏菌和金黄色葡萄球菌属于条件致病菌，应在生物安全二级实验室（BSL-2）操作。二级生物安全实验室的具体要求可参考GB 19489—2008《实验室　生物安全通用要求》。

（3）除菌性能仅适用于明示具有除菌功能的产品。

d）菌种活化

【标准条款】

B. 2. 2　菌种活化

将标准试验菌株接种于斜面固体培养基上，在（37±1）℃条件下培养24h后，在5 ℃～10 ℃下保藏（不得超过1个月），作为斜面保藏菌。

将斜面保藏菌转接到平板固体培养基上，在（37±1）℃条件下培养（24±1）h，每天转接1次，不超过2周。试验时应采用3代～14代、24 h内转接的新鲜细菌培养物。

【理解要点】

菌种活性是影响试验结果的一个主要因素，建议使用3代~5代，24 h内转接的新鲜细菌培养物。

e）加标菌液的制备

【标准条款】

B. 2. 3　加标菌液的制备

B. 2. 3. 1　概述

用接种环从新鲜培养物上刮1环～2环新鲜细菌，加入适量0. 85%的无菌生理盐水中，并依次做10倍梯度稀释液，选择要求浓度的菌悬液作为试验用菌液，按GB 4789. 2的方法操作。

B. 2. 3. 2　水路系统除菌

选择初始浓度为（1.0×10^{4}～9.0×10^{4}）CFU/mL的菌液。

B. 2. 3. 3　喷嘴、便器内壁除菌

选择初始浓度为（5.0×10^{9}～9.0×10^{9}）CFU/mL的菌液。

【理解要点】

试验前可使用紫外分光光度计在600 nm 波长下测试菌悬液的吸光度预判菌液浓度，但最终的初始浓度均应按照 GB 4789.2 的方法获得。

f）试验环境

【标准条款】

> B.2.4 试验环境
>
> 试验采取无菌操作技术，实验室环境应符合 GB 19489。

【理解要点】

本附录中使用的菌种应在生物安全二级实验室（BSL-2）进行，实验室应符合 GB 19489—2008《实验室　生物安全通用要求》中关于二级生物安全实验室的要求。

g）试验步骤

【标准条款】

> B.3 试验步骤
>
> B.3.1 样机的预处理
>
> 试验前，用无菌水冲洗试验管道和样机 30 min，冲洗后在测试要求的取样口处取样检测，菌落总数应不高于 10 CFU/mL，若冲洗 30 min 后菌落总数达不到该要求，应延长冲洗时间，直至出水的菌落总数达到上述要求。

【理解要点】

（1）试验前应对测试样机的管路及其加标过程相关的管路进行预处理，冲洗流量和时间根据实际情况调整，保证冲洗结束后最终流出液体的菌落总数浓度应低于 10 CFU/mL。

（2）液体菌落总数按照 GB 4789.2 进行计数。

h）水路系统除菌

【标准条款】

B.3.2.1　水路系统除菌

试验组：将样机进水口与装有加标菌液的容器连接，样机在使用说明规定的条件下开启除菌程序，在出水口处取样，检测出水中残留的活菌数。

阳性对照：样机进水口端直接取样，培养计数，作为阳性对照。

【理解要点】

（1）菌液加标前应充分混合均匀，根据样机要求，调节进水压力和进水流量，待稳定后，取中段水进行检测。

（2）阳性对照取样前要确保菌液混合均匀，取样后用 0.85%的生理盐水稀释，按照 GB 4789.2 的方法进行菌落计数。

i）喷嘴除菌通过水（或喷雾）对喷嘴进行除菌的器具

【标准条款】

B.3.2.2.1　通过水（或喷雾）对喷嘴进行除菌的电便座

预处理：用 75%的酒精对喷嘴表面擦拭 2 次，然后用无菌水擦拭 2 次，自然晾干。

试验组：菌液涂覆区域以喷嘴出水口上下限确定的距离为宽度，在保证涂覆面积为 100 mm^2的条件下，在出水口周围外表面确定长度，在确定的区域内涂覆 20 μL 加标菌液（菌悬液与 2%的黄原胶等体积混合）。待表面微干后，开启除菌程序，程序结束后，用 10 mL 浓度为 0.85%的生理盐水回收，测定残留的活菌数。

注 1：若在除菌程序开启前有其他的水流通过喷嘴，测试过程中，可在除菌程序开启前将水源关闭，确保只有除菌水通过喷嘴。

注 2：若喷嘴直径较小，不能满足要求的面积，选取可选择的最大面积 S，使用的菌液量为 $S/100\times20$ μL。

> **注 3：** 涂覆过程注意不要将喷水口堵塞。
>
> 阳性对照：将菌液涂覆微干后直接回收，测定活菌数。阳性对照回收的活菌数不应低于 10^5 CFU/mL。
>
> **注 4：** 若除菌测试前有其他水流通过喷嘴且试验前水源不能关闭，可以其他水流通过后回收的活菌数作为对照。

【理解要点】

（1）试验前应对喷嘴表面进行处理，保证初始无菌状态。

（2）无菌水擦拭后，应用无菌棉签在表面取样，确保前处理结果的有效性。

（3）初始加标量较少，可使用移液器的枪头在选定的测试表面（如图 4.23 所示）逐滴加入，避免菌液从测试面流出，为便于菌液液滴与测试面接触，可加入体积分数 0.05%的吐温-80。

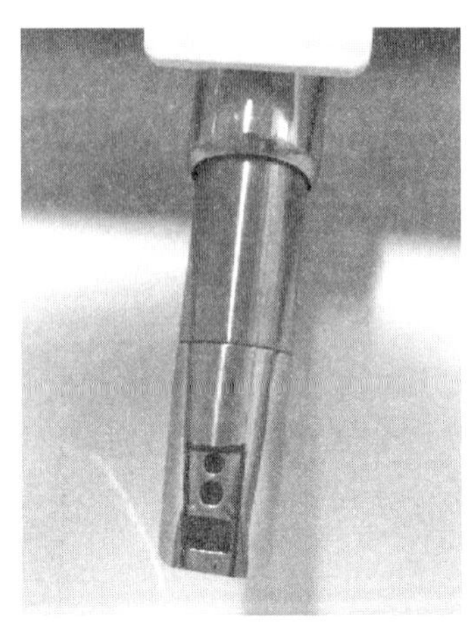
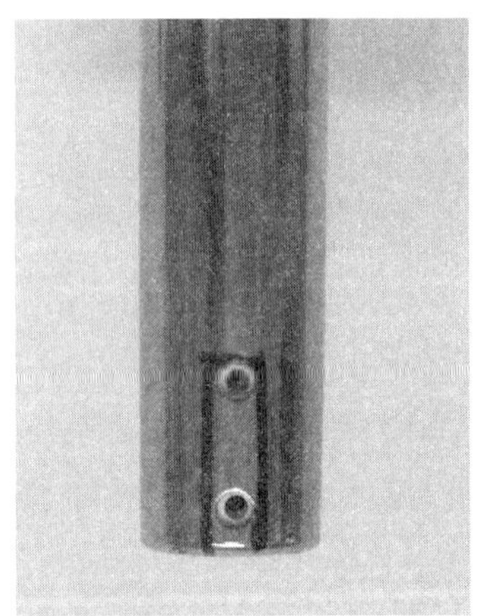

图 4.23　喷嘴菌液涂覆位置示意图

（4）若喷嘴直径较粗或者喷孔较长，最终选择的涂覆面积 $S>100\ mm^2$，应根据 $S/100\times20\ \mu L$ 计算实际使用的菌液量。

（5）涂覆菌液后，一般在室温下放置 30 min～60 min 进行干燥。

（6）如果测试过程中有其他水流通过且水源不能关闭，可适当增加初

始菌液浓度，在水流过测试面积后进行菌液回收，以此回收的菌液浓度作为阳性对照组的菌液浓度，用于计算最终的除菌率，回收的菌液浓度也应满足不低于 10^5 CFU/mL。

（7）由于涂覆面积较小，回收时采用无菌棉签蘸取无菌生理盐水进行擦拭，然后将棉签置于 10 mL、浓度为 0.85%的生理盐水中振荡回收。

j）喷嘴除菌通过照射对喷嘴进行除菌的器具

【标准条款】

B.3.2.2.2　通过照射对喷嘴进行除菌的电便座

预处理：用 75%的酒精对喷嘴表面擦拭 2 次，然后用无菌水擦拭 2 次，自然晾干。

试验组：菌液涂覆区域以喷嘴出水口上下限确定的距离为宽度，在保证涂覆面积为 100 mm^2的条件下，在喷嘴周围外表面确定长度，在确定的区域内涂覆 20 μL 加标菌液（菌悬液与 2%的黄原胶等体积混合）。待表面微干后，开启除菌程序，程序结束后，用 10 mL 浓度为 0.85%的生理盐水回收，测定残留的活菌数。

阳性对照：将菌液涂覆微干后直接回收，测定活菌数。阳性对照回收的活菌数不应低于 10^5 CFU/mL。

【理解要点】

（1）初始加标量较少，可使用移液器的枪头在选定的测试表面逐滴加入，避免菌液从测试面流出，为便于菌液液滴与测试面接触，可加入体积分数 0.05%的吐温-80。

（2）若喷嘴直径较粗或者喷孔较长，最终选择的涂覆面积 $S>100$ mm^2，应根据 $S/100\times20$ μL 计算实际使用的菌液量。

（3）涂覆菌液后，一般在室温下放置 30 min~60 min 进行干燥。

（4）由于涂覆面积较小，回收时采用无菌棉签蘸取无菌生理盐水进行擦拭，然后将棉签置于 10 mL、浓度为 0.85%的生理盐水中振荡回收。

k）便器内壁除菌

【标准条款】

B. 3. 2. 3 便器内壁除菌

预处理：用75%的酒精对便器内壁擦拭2次，然后用无菌水擦拭2次，自然晾干。

试验组：在便器内喷杆伸出方向正对的位置，以及左右两侧中心位置各画出50 mm×50 mm的区域，将500 μL加标菌液（菌悬液与2%的黄原胶等体积混合）。待表面微干后，开启除菌程序，程序结束后，用10 mL浓度为0.85%的生理盐水回收，测定残留的活菌数。三个位置分别回收。

注1：若在除菌程序开启前有其他的水流通过便器内壁，测试过程中，可在除菌程序开启前将水源关闭，确保只有除菌水通过便器内壁。

阳性对照：将菌液涂覆微干后直接回收，测定活菌数。阳性对照回收的活菌数不应低于10^6 CFU/mL。

注2：若除菌测试前有其他水流通过便器内壁且试验前水源不能关闭，可以其他水流通过后回收的活菌数作为对照。

【理解要点】

（1）试验前应对便器内壁进行处理，保证初始无菌状态。

（2）无菌水擦拭后，应用无菌棉签在表面取样，确保前处理结果的有效性。

（3）涂覆菌液时可使用移液器的枪头在选定的测试表面（如图4.24所示）逐滴加入，避免菌液从测试面滴下，为便于菌液液滴与测试面接触，可加入体积分数0.05%的吐温-80。

（4）涂覆菌液后，一般在室温下放置30 min~60 min进行干燥。

（5）如果测试过程中有其他水流通过且水源不能关闭，可适当增加初始菌液浓度，在水流过测试面积后进行菌液回收，以此回收的菌液浓度作为阳性对照组的菌液浓度，用于计算最终的除菌率，回收的菌液浓度也应满足不低于10^6 CFU/mL。

（6）回收时采用无菌棉签蘸取无菌生理盐水进行擦拭，然后将棉签置于 10 mL、浓度为 0.85%的生理盐水中振荡后回收。

（7）三个位置分别回收，分别计算。

图 4.24　便器内壁菌液涂覆位置示意图

1）数据处理

【标准条款】

B.4　数据处理

除菌率按式（B.1）进行计算。

$$R=\frac{A-B}{A}\times 100\% \tag{B.1}$$

式中：

R——除菌率；

A——阳性对照回收的活菌数，单位为菌落形成单位每毫升（CFU/mL）；

B——试验组残留的活菌数，单位为菌落形成单位每毫升（CFU/mL）。

试验进行 3 次，取 3 次的算术平均值作为最终除菌率，若有多处不同的取样位置，应分别取样计算。

【理解要点】

试验重复 3 次，每次试验结束后要用 75%的酒精和无菌水对测试位置进行擦拭，避免影响下次试验结果。

七、其他试验

（一）结构

【标准条款】

6.9　结构及材料 5.9.1~5.9.3 各项目通过视检确定是否符合要求。

【理解要点】

（1）器具表面应光滑、无锐边，不应对人体造成刮伤。

（2）器具功能运行正常，不应出现阻塞、异响、漏水等有损安全的瑕疵。

（3）通过试运行、触摸、检查等手段确定是否符合要求。

（二）除异味测试方法

GB/T 23131—2019 将除异味试验方法作为资料性附录放置在附录 C。

a）范围

【标准条款】

本附录适用于宣称具有除异味功能的坐便器。这类电便座一般使用具有净化空气能力的部件（如活性炭过滤网、负离子发生器等），使其能够去除电便座内及卫生间中的引起人嗅觉不适的气味，如氨气、硫化氢等。试验通过测试进风口和出风口的异味物质浓度，进而计算异味去除率。

【理解要点】

（1）本附录明确规定了测试方法适用于明示具有除异味功能的坐便器。若没有明示除异味功能，可不进行本附录的试验。

（2）如何判断坐便器是否具有除异味功能。这类产品通常具有净化元件，才能够去除异味。具体情况可见产品说明书和产品包装说明。

（3）试验测试时通过同时测试坐便器产品净化元件的进风口和出风口的污染物浓度，然后计算出异味去除率，试验测试时常见的异味污染物为氨，操作简单便利。

b）异味物质

【标准条款】

> 氨气（NH_3），发生源产生的纯度应大于99%或二级标气以上。分析方法依据GB/T 18204.2。
>
> 在线气体浓度分析仪的分辨率至少要达到0.01 mg/m^3，应定期与化学法或色谱法进行校准，偏差在±10%以内。

【理解要点】

（1）异味物质“氨”常见发生方式：氨水（分析纯及以上），如图4.25所示。

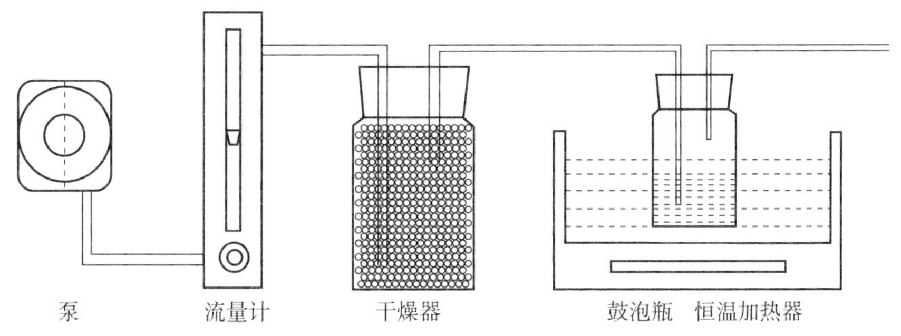

图4.25　氨发生装置示意图

（2）本附录涉及的异味物质主要是氨，其浓度的测试方法有如下标准：

①GB/T 18204.2—2014《公共场所卫生检验方法　第2部分：化学污染物》。

标准中测试方法为靛酚蓝分光光度法和纳氏试剂分光光度法，方法中涉及的方法均有各自适用范围和特点。

常用的为靛酚蓝分光光度法。标准中规定当采样体积为5 L时，本法最低检出质量浓度为0.01 mg/m^3，测量范围为0.01 mg/m^3~2 mg/m^3。采样方法涉及的主要仪器一般有大气采样器（图4.26）和紫外可见分光光度计（图4.27）。

②若使用在线气体浓度分析仪在线直读浓度，由于在线气体浓度分析仪的特性，为了保证测试的准确性，应定期与化学法进行校准，保证偏差在规定的范围内，才可进行使用测试。

图4.26　大气采样器

图4.27　紫外可见分光光度计

（3）硫化氢“H_2S”也可作为异味物质，常见发生方式：硫化氢气瓶。

其浓度的测试方法有如下标准：

①GB 11742—1989《居住区大气中硫化氢卫生检验标准方法　亚甲蓝分光光度法》。标准中测试方法为亚甲蓝分光光度法。当采样体积为30 L时，本方法最低检出质量浓度为0.005 mg/m^3，测量范围为0.005 mg/m^3~0.13 mg/m^3。采样方法涉及的主要仪器一般有大气采样器和紫外可见分光光度计。

②GB/T 14678—1993《空气质量硫化氢、甲硫醇、甲硫醚和二甲二硫的测定气相色谱法》。标准中测试方法为气相色谱法。当采样体积为 1 L 时，测量范围为 0.2×10^{-3} mg/m^3 ~ 1.0×10^{-3} mg/m^3。采样方法涉及的主要仪器为气相色谱仪。

③若使用在线气体浓度分析仪在线直读浓度，由于在线气体浓度分析仪的特性，为了保证测试结果的准确性，应定期用化学法或者色谱法进行校准，保证在偏差规定范围内，才可进行使用测试。

注：硫化氢在标准状况下是一种易燃剧毒有臭味的酸性气体，测试时应保持良好通风，试验员做好必要的防护措施。

c）测试装置

【标准条款】

除异味试验需要在风道系统中进行，风道设计参考 GB/T 14295，同时要符合图 C.1 要求。

试验过程中，应确保异味物质能够持续稳定发生，风道系统上游取样截面异味物质浓度不均匀性不应大于 15%，30 min 内气态污染物浓度波动不应大于 10%。

测试装置所处外环境应尽量洁净密闭，应符合 GB/T 18883 要求，同时带净化排风系统，以防异味物质污染周边环境。

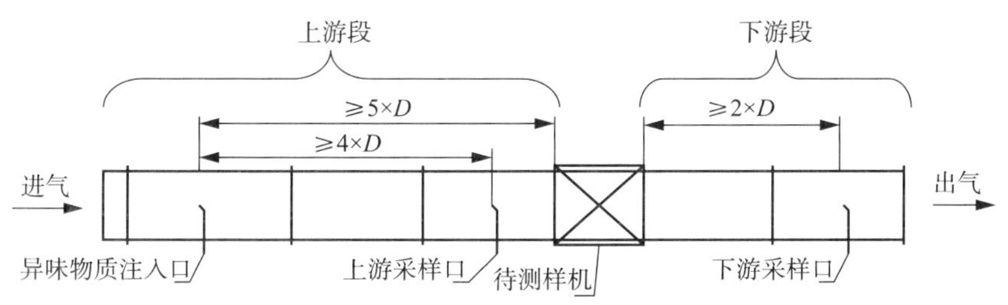

图 C.1　除异味性能测试装置

注：图 C.1 中的字母 *D* 表示风道边长，一般风道截面是正方形。

【理解要点】

（1）除异味试验风道的设计需要满足 GB/T 14295 要求，测试风道符合 GB/T 14295 的负压风道，负压风道可保证气态污染物浓度不泄漏，确保试验安全性。注意采样点的位置，上游段的采样点距离污染物发生源前端的距离≥4*D*，这是为了确保上游污染物浓度发生的稳定性。另外，上下游采样点距离被测样机的距离要严格按照标准执行，距离不合适会对测试结果产生影响。

（2）上游浓度需要稳定发生，波动性不超过 15%。测试时，要确保上游污染物浓度稳定性，为了保证稳定性，可在污染物发生装置前安装流量计确保气流稳定。只有浓度稳定，才可确保采样点浓度的真实性，检验结果的有效性。另外，测试前需提前开启污染物发生装置和风道测试系统，长时间运行有利于污染物浓度的稳定性，待浓度稳定后，方可进行测试。

（3）测试装置所处环境应符合 GB/T 18883 要求，保证测试时本底浓度比较低。本底浓度低不仅包括了颗粒物浓度低，也包括了其他气态污染物浓度低，这样对测试结果影响比较小，保证检测结果的有效性，同时也能保证试验人员的安全性。

d）试验步骤

【标准条款】

除异味性能试验按照下述步骤进行：

a）将样机拆除包装，置于 6.1.1 要求的环境中，静置至少 12 h。

b）将样机除异味装置的进风口接入测试装置的上游段，出风口接入下游段，连接方式应确保不漏风。

c）启动异味物质发生器，向风道系统中持续注入，确保上游段浓度保持在（2.0±0.4）mg/m^3。

d）待风道中的异味物质浓度稳定后，开启待测样机的除异味程序，稳定运行 1 min。

e）上游采样口先采样 5 min，然后下游采样口采样 5 min，交替进行，每个采样口采样 3 次，共耗时 30 min。

注： 为保证精度，宜使用一台气体浓度分析仪。

f）关闭异味物质发生器和待测样机，对测试环境进行整体排风，试验结束。

【理解要点】

试验步骤见图 4.28。

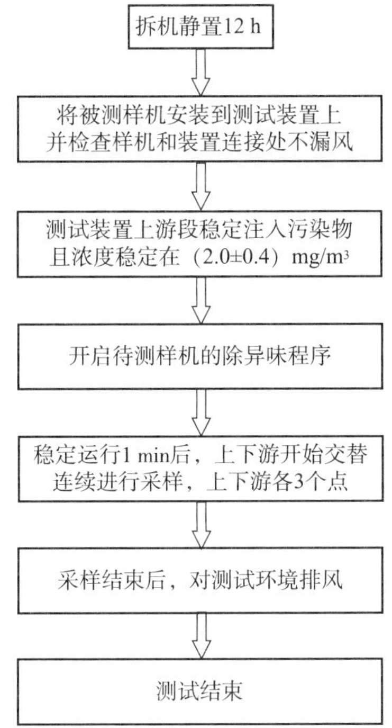

图 4.28 试验步骤

试验过程中需保证上游污染物浓度稳定性和初始浓度，被测样机的除异味程序，上下游需交替采样各 3 个采样点。

e）计算

【标准条款】

异味去除率按照式（C.1）进行计算。

$$E=\left(1-\frac{C_{下}}{C_{上}}\right)\times100\% \quad (C.1)$$

式中：

E——异味去除率；

$C_{上}$——上游段浓度平均值，单位为毫克每立方米（mg/m^3）；

$C_{下}$——下游段浓度平均值，单位为毫克每立方米（mg/m^3）。

【理解要点】

计算异味去除率的时候采用上下游污染物浓度的平均值，得出来的结果即为被测样机的异味去除率。异味去除率的结果建议标注所使用的污染物名称。

八、检验报告格式示例

本示例是中国家用电器检测所检验报告，报告内容依据 GB/T 23131—2019《家用和类似用途电坐便器便座》。

报告编号：共　页　第　页

检 验 报 告

产品名称：　电坐便器

检验类别：　委托检验

受检单位：　××××××

委托单位：　××××××

××××××××

中国家用电器检测所

检验报告

报告编号：共　页　第　页

产品名称	电坐便器	型号规格	
商标		样品数量	1台
抽样地点		样品等级	合格品
抽样基数		检验类别	委托检验
样品来源	送样	样品编号	
生产单位名称		生产单位地址	
受检单位名称		受检单位地址	
委托单位名称		委托单位地址	
检验依据	GB/T 23131—2019《家用和类似用途电坐便器便座》		

检验结论：

受×××××公司的委托，对该公司生产的×××××型电坐便器进行性能项目的检验，所检项目符合标准要求。

（以下空白）

（声明：本报告中委托方对样品和相关资料的真实性负责，检验机构仅对检验数据的准确性负责）

签发日期：　　　　年　　月　　日

主检：　　　　审核：　　　　批准：

报告编号：共　页　第　页

样品描述
1. 额定值： 额定电压或电压范围：　　额定电流或电流范围： 额定功率或功率范围：　　额定频率或频率范围： 额定水压或水压范围： 2. 电源性质： 单相交流□　三相交流□　直流□　交直流两用□ 3. 控制方式： 机械控制式□　电子控制式□　其他□ 4. 清洗加热方式： 即热式□　储水式□　其他□ 5. 辅助功能： 吹风功能□　坐垫加温功能□　环境除臭功能□　抗菌功能□ 喷嘴自清洁□　除菌功能□　其他功能□ 6. 主体材料： 金属材料□　非金属材料□　其他材料□ 7. 结构： 分体式□　整体式□ 8. 其他：□

报告编号：共　页　第　页

样品照片
样品的照片（样品的标志、总体外观、内部结构、局部结构、安装效果、检验效果等照片）：

报告编号：共　页　第　页

检验说明
1. 检验开始时对样品的确认 □包装完好　□产品无异常　□可满足检验需要 □数量符合　□样品实物与委托单填写内容相符 □附件齐全　□样品编号 2. 在本报告中： “通过”表示该项检验结果符合标准要求； “合格”表示该章检验结论符合标准要求； “不通过”表示该项检验结果不符合标准要求； “不合格”表示该章检验结论不符合标准要求； “——”表示该项要求不适用； “未检验”表示此次未进行检验。 3. 本次检验开始日期　　年　月　日 检验结束日期　　年　月　日 4. 本次检验□有/□没有偏离标准。 偏离的原因和偏离的情况： 5 样品□无/□有下述情况 □补充/□更换，其原因和时机：

报告编号：共　页　第　页

GB/T 23131—2019

<table>
<tr><th>章条</th><th colspan="2">检验项目及检验要求</th><th>检验结果</th><th>检验结论</th></tr>
<tr><td colspan="5">5　技术要求</td></tr>
<tr><td>5.2</td><td colspan="2">清洁性能</td><td></td><td></td></tr>
<tr><td rowspan="2">5.2.1</td><td colspan="2">清洁率应不小于90.0%</td><td rowspan="2"></td><td></td></tr>
<tr><td colspan="2">清洁率分等分级：
A级：C≥98.0%
B级：96.0%≤C<98.0%
C级：93.0%≤C<96.0%
D级：90.0%≤C<93.0%</td><td></td></tr>
<tr><td rowspan="2">5.2.2</td><td rowspan="2">最大清洗流量测量值
应不小于明示值的95%</td><td>明示值：</td><td rowspan="2"></td><td rowspan="2"></td></tr>
<tr><td>实测值：</td></tr>
<tr><td>5.2.3</td><td colspan="2">整个清洗周期水温波动值在5 K以内</td><td></td><td></td></tr>
<tr><td>5.2.4</td><td colspan="2">器具清洗水温达到35 ℃的时间不应大于3 s</td><td></td><td></td></tr>
<tr><td>5.3</td><td colspan="2">吹风性能</td><td></td><td></td></tr>
<tr><td>5.3.1</td><td colspan="2">器具吹风出口最高温度应不大于65 ℃。</td><td></td><td></td></tr>
<tr><td rowspan="2">5.3.2</td><td colspan="2">器具最大吹风风量应不低于0.2 m³/min</td><td rowspan="2"></td><td></td></tr>
<tr><td colspan="2">吹风风量分等分级（m³/min）
A级：≥0.5
B级：≥0.4且<0.5
C级：≥0.3且<0.4
D级：≥0.2且<0.3</td><td></td></tr>
<tr><td rowspan="2">5.3.3</td><td colspan="2">器具声功率级噪声不应大于68 dB（A）</td><td rowspan="2"></td><td></td></tr>
<tr><td colspan="2">噪声分等分级（dB（A））：
A级：≤53
B级：>53且≤58
C级：>58且≤63
D级：>63且≤68</td><td></td></tr>
<tr><td>5.4</td><td colspan="2">坐圈加热性能</td><td></td><td></td></tr>
</table>

（续）

章条	检验项目及检验要求	检验结果	检验结论
5.4.1	器具坐圈最高温度模式下，所有测试点的温度均不应超过 45 ℃		
5.4.2	器具坐圈各点的测量值与平均温度值之差不应超过 5 K		
5.5	用电量		
5.5.1	带烘干功能的器具用电量应不大于 0.060 kWh		
	无烘干功能的器具用电量应不大于 0.055 kWh		
5.5.2	带烘干功能器具的用电量分等分级(kWh)： A 级：≤0.030 B 级：>0.030 且≤0.040 C 级：>0.040 且≤0.050 D 级：>0.050 且≤0.060		
	无烘干功能器具的用电量分等分级(kWh)： A 级：≤0.025 B 级：>0.025 且≤0.035 C 级：>0.035 且≤0.045 D 级：>0.045 且≤0.055		
5.6	用电量		
5.6.1	器具用水量不应大于 1100 mL		
5.6.2	用水量分等分级（mL)： A 级：≤500 B 级：>500 且≤700 C 级：>700 且≤900 D 级：>900 且≤1100		
5.7	耐久性		
5.7.1	器具耐久性不应低于 25000 次		

（续）

<table>
<tr><th>章条</th><th colspan="3">检验项目及检验要求</th><th>检验结果</th><th>检验结论</th></tr>
<tr><td>5.7.2</td><td colspan="3">耐久性分等分级（次）：
A 级：>40000
B 级：>35000 且≤40000
C 级：>30000 且≤35000
D 级：>25000 且≤30000</td><td></td><td></td></tr>
<tr><td rowspan="4">5.8</td><td colspan="3">抗菌、防霉</td><td></td><td></td></tr>
<tr><td colspan="2" rowspan="2">声称具有抗菌功能的器具，其材料抗菌率不应小于 90%</td><td>大肠埃希氏菌</td><td></td><td rowspan="2"></td></tr>
<tr><td>金黄色葡萄球菌</td><td></td></tr>
<tr><td colspan="3">声称具有防霉功能的器具，其材料防霉等级应至少为 1 级</td><td></td><td></td></tr>
<tr><td>5.9</td><td colspan="3">结构及材料</td><td></td><td></td></tr>
<tr><td>5.9.1</td><td colspan="3">器具与人体接触的表面应光滑，正常使用时，不应刮伤人体皮肤</td><td></td><td></td></tr>
<tr><td>5.9.2</td><td colspan="3">器具在正常工作状态下，喷淋系统运动正常无阻滞</td><td></td><td></td></tr>
<tr><td>5.9.3</td><td colspan="3">供水组件和加温水箱不应渗漏</td><td></td><td></td></tr>
<tr><td>5.9.4</td><td colspan="3">抗菌、防霉材料有害物质释放量应符合要求</td><td></td><td></td></tr>
<tr><td rowspan="10">附录 B</td><td colspan="2" rowspan="2">水路系统除菌率</td><td>大肠埃希氏菌</td><td></td><td></td></tr>
<tr><td>金黄色葡萄球菌</td><td></td><td></td></tr>
<tr><td colspan="2" rowspan="2">喷嘴除菌</td><td>大肠埃希氏菌</td><td></td><td></td></tr>
<tr><td>金黄色葡萄球菌</td><td></td><td></td></tr>
<tr><td rowspan="6">便器除菌率</td><td rowspan="2">便器内喷杆伸出方向右侧中心位置</td><td>大肠埃希氏菌</td><td></td><td></td></tr>
<tr><td>金黄色葡萄球菌</td><td></td><td></td></tr>
<tr><td rowspan="2">便器内喷杆伸出方向正对的位置</td><td>大肠埃希氏菌</td><td></td><td></td></tr>
<tr><td>金黄色葡萄球菌</td><td></td><td></td></tr>
<tr><td rowspan="2">便器内喷杆伸出方向左侧中心位置</td><td>大肠埃希氏菌</td><td></td><td></td></tr>
<tr><td>金黄色葡萄球菌</td><td></td><td></td></tr>
<tr><td>附录 C</td><td colspan="3">异味去除率：适用于宣称具有除异味功能的坐便器，通过测试进风口和出风口的异味物质浓度，计算除异味去除率</td><td></td><td></td></tr>
</table>

注意事项

1. 报告无“检验报告专用章”或检验单位公章无效。
2. 复制报告未重新加盖“检验报告专用章”或检验单位公章无效。
3. 报告无主检、审核、批准人签章无效。
4. 报告涂改无效。
5. 对检验报告若有异议，应于收到报告之日起十五日内向检验单位提出书面意见，逾期不予受理。
6. 本次委托检测仅对来样负责。
7. 本报告复印件应由中国家用电器检测所提供。

地　址：××××××××　　　　邮政编码：××××××

电　话：××××××××

传　真：××××××××

E-mail：××××××××

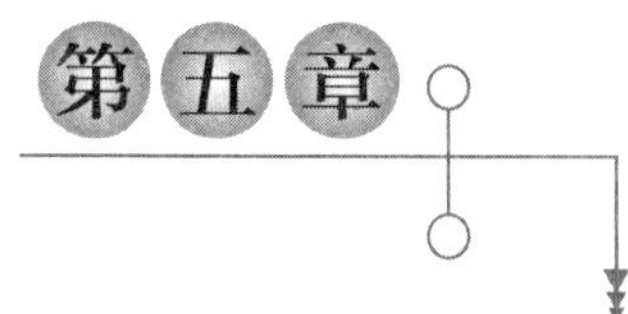

洁身器具质量分析

第一节　质量监督管理简介

一、产品质量监督管理体制

《中华人民共和国产品质量法》（以下简称《产品质量法》）第八条规定：“国务院市场监督管理部门主管全国产品质量监督工作。国务院有关部门在各自的职责范围内负责产品质量监督工作。县级以上地方市场监督管理部门主管本行政区域内的产品质量监督工作。县级以上地方人民政府有关部门在各自的职责范围内负责产品质量监督工作。法律对产品质量的监督部门另有规定的，依照有关法律的规定执行。”从该条规定可以看出，我国目前的产品质量管理体制是“统一领导、分级、分部门管理”。目前，我国质量监管部门是国家市场监督管理总局，主要负责产品质量安全监督管理、风险监控及国家监督抽查工作，建立并组织实施质量分级制度、质量安全追溯制度，指导工业产品生产许可管理。

二、产品质量监督抽查制度

我国产品质量管理的主要部门是国家市场监督管理总局（以下简称国家市场监管总局）。目前，国家市场监管总局的工作重点是在全系统开展以打击假冒伪劣为重点的综合执法行动，强化食品药品安全、特种设备安全、工业产品质量安全监管，切实维护人民群众的身体健康和生

命安全。

《产品质量法》第十五条规定："国家对产品质量实行以抽查为主要方式的监督检查制度，对可能危及人体健康和人身、财产安全的产品，影响国计民生的重要工业产品以及消费者、有关组织反映有质量问题的产品进行抽查。"

我国监督抽查工作由国家市场监管总局统一规划和组织，实行以抽查为主要方式的监督检查制度，对可能危及人体健康和人身、财产安全的产品，影响国计民生的重要工业产品以及用户、消费者、有关组织反映有质量问题的产品进行国家级质量监督抽查。县级以上地方人民政府管理产品质量监督工作的部门在本行政区域内，也可以组织监督抽查。产品质量抽查的结果应当公布，并按法律规定对不合格产品的企业进行相应的经济处罚。

2017 年 12 月 22 日，原国家质量监督检验检疫总局（以下简称原国家质检总局）印发了《质量监督检验检疫随机抽查事项清单（2018 版）》及其相关实施细则的通知。通知要求监督抽查必须全面铺开，实现"双随机、一公开"监管，不折不扣地完成国务院提出的目标和要求，保证责任落实到位。

双随机是指随机抽取检查人员，随机抽取检查对象。

一公开的内容包括：

（1）公开事项名称；

（2）公开抽查结果和查处情况；

（3）公开时限，在抽查结束（有查处的自查处结束）之日起 20 个工作日内公开，涉及行政处罚的，7 个工作日内公开（另有特殊规定的依特殊规定）；

（4）公开方式为本单位官网展示；

（5）公开责任主体，按照"谁执行谁公开"的原则，执行主体为原国家质检总局的，由原国家质检总局各相关单位在总局"双随机、一公开"专栏公开；执行主体为地方出入境检验检疫局和质量技术监督局的，由出入境检验检疫局和质量技术监督局各相关单位在各自“双随机、一公开”专栏公开，未设立专栏的，应当设立。

依据抽查结果进一步加强对行政相对人的管理，运用风险管理和分类管理的方式，不断提升管理的效率和效益。联合其他部门进一步完善信用管理机制，根据抽查监管情况，依照法律法规的规定向国家和地方公共信用信息服务平台提供信用信息，建立守信联合激励和失信联合惩戒机制，打造良好营商环境。

“双随机、一公开”抽查制度是我国以政府为主体质量监管方式改革的一种尝试。2018 年，该制度逐步在家电等 26 个行业试验性开展监督检查工作，取得了良好的监督效果和管理经验，为该制度的进一步推广奠定了基础。

2019 年 2 月 1 日，国家市场监管总局发布了《关于全面推进“双随机、一公开”监管工作的通知》（以下简称《通知》）。《通知》要求各级市场监管部门要切实转变监管理念，创新监管方式，在市场监管职能整合的大背景下，加快健全以“双随机、一公开”监管为基本手段、以重点监管为补充、以信用监管为基础的新型监管机制，坚持线上线下一体化监管，着力提升监管公平性、规范性和有效性。

《通知》强调各级市场监管部门要进一步增强责任意识。对未履行、不当履行、违法履行“双随机、一公开”监管职责的，要依法依规严肃处理；涉嫌犯罪的，移送司法机关追究刑事责任。同时，要坚持“尽职照单免责，失职照单问责”原则，各级市场监管部门执法检查人员凡严格依据抽查事项清单和相关工作制度开展“双随机、一公开”监管，检查对象未被抽到或抽到时未查出问题，只要执法检查人员不存在滥用职权、徇私舞弊等情形的，免予追究相关责任。

《关于全面推进“双随机、一公开”监管工作的通知》的发布预示着我国质量监管方式的重大改革在全国范围内全面展开，我国质量监管体制进入一个新阶段，并将大大提高监管的公平性、规范性和有效性。

三、产品质量认证制度

产品质量认证制度起源于欧美发达国家，市场经济的发展使得质量认

证制度得到了广泛的应用，科学技术进步推动了工业生产规模的扩大和发展，商品生产品种和数量的不断增长，又加速了各国认证制度的进程。从20世纪开始，很多工业发达国家或经济强国，纷纷建立了自己国家的质量认证制度。20世纪50年代初期，英、法、日、美、加拿大、比利时、葡萄牙、丹麦、芬兰等很多国家，为了医治第二次世界大战后的创伤，迅速恢复国家工业，先后实行采用法定标准的产品认证制度，规定了很多工业产品要标准生产并需取得权威鉴定机构颁发的认证标志。

质量认证制度的建立和实施，使这些工业化国家取得了显著的经济效益，打开了产品销路，占领了国内市场。为了巩固已得的利益，这些国家又把产品认证制度用于国际贸易中，有时认证制度可变成国际贸易中的“技术壁垒”，因此，许多国家也纷纷效仿，保护本国企业的利益以发展本国的对外贸易，这样质量认证在全世界得到了迅速的发展。所有的发达国家和许多发展中国家都纷纷建立各自的质量认证制度。

质量认证的依据是标准，因此没有标准就没有行业迅速、规范的发展，也没有公平竞争的市场行为，消费者和企业的利益也就无法得到保护。70年来，我国政府非常重视标准化工作，已经建立了以国家标准、行业标准、地方标准和企业标准为基础的完整的标准制修订体系。2018年1月1日实施的《中华人民共和国标准化法》（以下简称《标准化法》）第十八条明确指出：“国家鼓励学会、协会、商会、联合会、产业技术联盟等社会团体协调相关市场主体共同制定满足市场和创新需要的团体标准，由本团体成员约定采用或者按照本团体的规定供社会自愿采用”。团体标准的出台是我国标准化改革的重要一步，是我国以政府为主导的标准管理体制，向以市场为主导的管理体制过渡，预示着产品质量的市场监督力度将大大增强。

依据《产品质量法》，我国政府根据国际通用的质量管理标准，推行企业质量体系认证制度；参照国际先进的产品标准和技术要求，推行产品质量认证制度。我国产品质量认证分为安全认证和合格认证。实行认证的产品必须符合《产品质量法》和《标准化法》的有关规定。我国《产品质量认证管理条例》《产品质量认证管理条例实施办法》《产品质量认证委员会管理办法》《产品质量认证检验机构管理办法》及《产品质量认证书和认证标志管理办法》等法规、规章，对企业申请产品质量认证的程序，即申请、审查和检验、批准等具体步骤做了明确规定。

我国的产品质量认证是依据产品标准和相应技术要求，经国家认证机构确认并通过颁发认证证书和认证标志来证明某一产品符合相应标准和技术要求的活动。国家市场监管总局负责统一管理、监督和综合协调全国认证认可工作。建立并组织实施国家统一的认证认可和合格评定监督管理制度。目前，我国产品认证制度分为强制性认证和自愿性认证。

（一）强制性认证制度

我国电工产品认证始于 1984 年，由中国国家认证认可监督管理委员会批准成立的中国电工产品认证委员会（CCEE）是代表中国参加国际电工委员会电工产品安全认证组织（IECEE）的唯一机构，是中国电工产品领域的国家认证组织，CCEE 下设有电工设备、电子产品、家用电器和照明设备 4 个分委员会和 25 个检测站。CCEE 的成立标志着我国电工产品质量进入强制性认证阶段，并开始了以长城为标志的电工产品认证，即长城认证。

2001 年 4 月，经国务院决定，国家质量技术监督局与国家出入境检验检疫局合并，组建中华人民共和国国家质量监督检验检疫总局。国家认证认可监督管理委员会统一负责国家强制性产品认证制度的管理和组织实施工作。对于国家实行强制认证的产品，由国家公布统一的目录，确定统一适用的国家标准、技术规则和实施程序，制定统一的标志，规定统一的收费标准。

新的强制性产品认证制度于 2002 年 5 月 1 日起实施。根据中国入世承诺和体现国民待遇的原则，国家对强制性产品认证使用统一的标志。新的国家强制性认证标志名称为“中国强制认证”，英文名称为“China Compulsory Certification”，英文缩写为“CCC”（见图 5.1）。中国强制认证标志实施以后，将逐步取代原来实行的“长城”标志和“CCIB”标志。带有

CCC 认证标志的产品表明其安全性符合相应国家或行业标准要求。

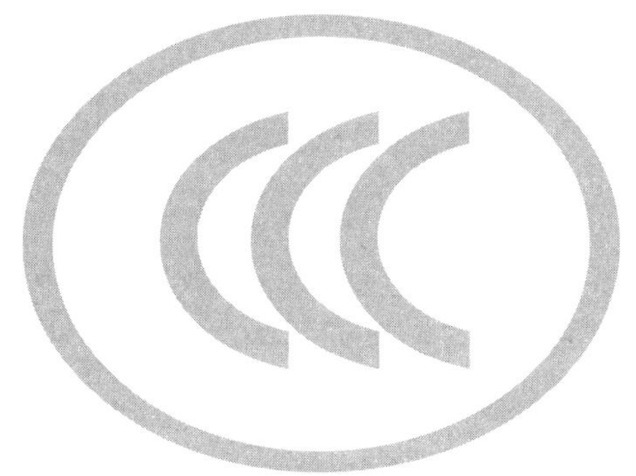

图 5.1　CCC 认证标志

目前，电坐便器还没有列入 CCC 认证目录，因此，还不能进行 CCC 认证，但需通过 GB 4706.1《家用和类似用途电器的安全　第 1 部分：通用要求》和 GB 4706.53《家用和类似用途电器的安全　坐便器的特殊要求》检验合格，或通过依据上述标准进行的相应认证，如中国质量认证中心（CQC）、中国轻工业质量认证中心（CCLC）的自愿性安全认证，才可上市销售。

（二）高端家电产品的性能 A⁺认证

对于涉及产品性能、节能等项目的质量认证属于自愿性认证。进入 21 世纪后，智能化、健康，以及艺术化成为高端家用电器的发展趋势，我国家电产品呈现出与欧、美等国顶尖品牌对垒高端市场的态势。为了适应我国家电行业的转型和升级，鼓励制造企业技术进步和赶超世界先进水平，提高产品综合竞争力，为消费者选购提供参考依据，中国家用电器研究院和北京中轻联认证中心，于 2012 年联合推出了针对家电性能指标的“A⁺”等级认证，使得高端家电有了量化指标，从而为高端家电提供了展示设计和制造技术水平的平台，为消费者理性选购提供了参考依据。

2017 年，我国家电行业进入转型升级的关键期，随着健康中国发展战略的提出，家电产品也突出健康功能和绿色等特点。家庭日常生活中的细菌、与食物接触材料的溶出物、产品产生的噪声，以及有毒有害气体泄漏的大小和多少都直接关系到人们的健康生活水平，提高健康水平必须使用能够除菌、抗菌，并且低噪声和低溶出物的健康产品。而如何判断这些健康指标的优劣是当务之急，因此，A^+认证增加了家电产品除菌、抗菌、防霉、净化等健康化技术要求，为引导消费者选购提供量化参考依据。

在我国，电坐便器还未列入 CCC 强制性认证目录，目前国内对该产品开展的电器安全认证，是中国质量认证中心（CQC）和中国轻工质量认证中心（CCLC）的自愿性认证；性能质量认证，是反映高端产品性能，以及除菌、抗菌能力的A^+认证（见图 5.2）。带有 CQC、CCLC 标志的安全认证，表明产品电器安全符合国家标准要求；带有A^+标志产品表明其性能质量达到国际先进水平。

图 5.2　A^+认证标志

第二节 产品质量监督抽查情况

一、国家监督抽查

国家监督抽查是指由国家市场监管总局组织的对全国范围内制造企业和市场的产品质量进行的监督检验。2018 年 12 月 11 日，国家市场监管总局《国市之监函〔2019〕第 309 号》通报了 2018 年智能坐便器产品质量国家监督专项抽查情况。本次共抽查了 70 批次产品，其中 66 批次合格，合格率为 94. 3%，较 2017 年提升 3. 1 个百分点。抽查不合格项目涉及电源连接和外部软线、结构、输入功率和电流、对触及带电部件的防护等 4 个安全性指标。

由于智能坐便器是近年的热门消费品，其产品质量提升备受关注。市场监管部门大力开展智能坐便器质量提升和质量攻坚行动，国家监督抽查合格率（见表 5. 1）已从 2015 年的 60. 0%提升到 2018 年的 94. 3%。

表 5. 1 近 4 年国家监督抽查情况一览表

序号	年度	抽样批次/个	合格批次/个	合格率/%
1	2015	45	27	60
2	2016	68	56	82
3	2017	91	83	91
4	2018	70	66	94

二、专项抽查、地方抽查、比较试验

专项抽查是指原国家质检总局执法司，依据市场反馈、消费者投诉等信息，对某一地区、某一类别产品进行的质量监督检验；地方监督抽查是指由省、市，以及县一级地方市场监督管理部门组织的对属地内制造企业和市场的产品质量进行的监督检验；比较试验是由消费者组织针对市场销售产品进行的质量对比试验。上述检验的共同特点是：样品来源采用市场、生产线抽样，或在市场购买，由政府相关管理部门或消费者组织委托第三方检验机构进行产品质量检验活动。

表5.2是中国家用电器检测所自2016年以来进行的专项抽查、地方抽查和比较试验的检验结果。从表中可以看出，电坐便器的质量水平令人担忧，整体质量水平不高，有待于进一步加强质量监督力度，重点打击假冒伪劣产品，加大处罚力度，使不良企业违法成本加大，从而提高行业产品质量水平。

表5.2 近年来专项抽查、地方抽查、比较试验检验结果一览表

序号	年度	委托方	性质	抽样批次/个	合格批次/个	合格率/%
1	2016	北京市工商局	抽查	13	4	31
2	2016	北京市消费者协会	比较	21	12	57
3	2017	国家质检总局执法司	专项	15	6	40
4	2017	北京市工商局	抽查	25	8	32
5	2017	北京市工商局	网抽	10	4	40
6	2017	丰台区工商局	抽查	4	2	50
7	2018	北京市质监局	抽查	4	3	75
8	2018	北京市质监局	监测	6	3	50
9	2018	国家质检总局执法司	专项	11	6	54
10	2018	北京市消费者协会	比较	31	25	81
11	2018	北京市工商局	风险	21	10	48

专项抽查、地方抽查以及消费者协会组织的比较试验是国家监督抽查的主要组成部门，也是对市场上销售商品质量有效的监督手段。这些检测结果由于样品来源不同，抽检项目和检测依据的差异，与表5.1中国家监督抽查结果没有可比性。因此，就合格率而言与国家监督抽查结果出入较大也是正常现象，这也正是国家监督抽查制度的补充和完善。

第三节　常见质量问题及原因分析

一、常见质量问题

由于电坐便器的热销，国家和地方加大了质量监督力度，近 3 年来，国家家用电器质量监督检验中心先后对电坐便器进行了 12 次国家和地方的不同类型的监督抽查，从抽查结果可以看出质量问题较其他类别电器产品问题突出，并以电器安全质量问题为最多（见表 5.3）。

表 5.3　通过监督抽查发现发生频率较高的质量问题

序号	项目	依据标准	主要不合格内容
1	标志和说明	1）GB 5296.2—2016《消费品使用说明　家用和类似用途电器的使用说明》； 2）GB 4706.1—2005《家用和类似用途电器的安全　第 1 部分：通用要求》； 3）GB 4706.53—2008《家用和类似用途电器的安全　坐便器的特殊要求》	1）包装上或说明书中，未标出产品执行标准编号和名称； 2）产品铭牌内容不规范，缺少标准要求项目； 3）铭牌粘接不牢固，用水擦拭后卷边或字迹模糊； 4）铭牌粘贴在使用者不易看到的位置
2	防止触电保护措施	1）GB 4706.1—2005《家用和类似用途电器的安全　第 1 部分：通用要求》； 2）GB 4706.53—2008《家用和类似用途电器的安全　坐便器的特殊要求》	1）外壳防护措施不到位，手指可触及可带电的金属部件，该部件并没有其他的防范措施； 2）手可触及不是安全隔离变压器供电的、电压不大于 42.4 V 的带电部件

表 5.3（续）

序号	项目	依据标准	主要不合格内容
3	防水措施	1）GB 4706.1—2005《家用和类似用途电器的安全　第1部分：通用要求》； 2）GB 4706.53—2008《家用和类似用途电器的安全　坐便器的特殊要求》	1）水箱溢水试验后，电气绝缘效果大大下降，耐电压能力降低； 2）溅水试验后，电气绝缘效果大大下降，耐电压能力降低
4	电源连接和外部软线	1）GB 4706.1—2005《家用和类似用途电器的安全　第1部分：通用要求》； 2）GB 4706.53—2008《家用和类似用途电器的安全　坐便器的特殊要求》	使用电源线号小，与产品额定电流不符
5	清洁率	GB/T 23131—2008《电子坐便器》	1）主要性能清洁率低于标95%的标准限值要求； 2）相当一部分产品的清洁率徘徊在80%，远低于标准要求
6	抗菌率	GB 21551.2—2010《家用和类似用途电器抗菌、除菌、净化功能　抗菌材料的特殊要求》	1）声称有抗菌功能的产品，其材料抗菌率低于90%的限值要求。 2）有些产品最低的抗菌率只有10%，远低于标准要求

二、产品不合格原因分析

我国生产电坐便器已有20多年的历史，但市场规模一直处于低位徘徊阶段。目前，整机生产企业超过100家，品牌超过200个，其中相当一部分企业来自建筑材料行业，这些企业对电器产品知识了解甚少，不知道标准要求，或者不懂标准，甚至有些企业无视标准的存在，用一种无知者无畏的态度对待现行强制性国家标准，对于推荐性标准更是不予理睬。执行标准难度大、采标率低是行业的主要特点，也是造成产品质量水平良莠不齐、质量问题较多的主要原因。也有一些企业以减轻企业负担为由，不进

行型式试验等质量检验活动，因此，造成企业设计、质量管理人员对质量水平不了解，处于低水平质量管理的生产现状。

目前，电坐便器的质量评价分为电器安全、卫生健康和使用性能等3个方面，直接涉及的国家标准如下：

1）电器安全

——GB 4706.1《家用和类似用途电器的安全　第1部分：通用要求》；

——GB 4706.53《家用和类似用途电器的安全　坐便器的特殊要求》。

2）健康安全

——GB 21551.1《家用和类似用途电器抗菌、除菌、净化功能通则》；

——GB 21551.2《家用和类似用途电器抗菌、除菌、净化功能抗菌材料的特殊要求》。

3）使用性能

——GB/T 23131—2019《家用和类似用途电坐便器便座》（代替GB/T 23131—2008《电子坐便器》）

上述国家标准中，电器安全和健康安全标准属于强制性标准，使用性能标准属于推荐性标准。近两年来监督抽查结果统计显示，明示执行上述标准的企业占比小于50%。不合格以电器安全最多，其中铭牌、使用说明、防触电保护、结构、接地措施等涉及电器安全问题最为集中。上述问题都是GB 4706.1—2005和GB 4706.53—2008中的基本要求，从问题的类别可以发现，产品设计和质量管理人员不了解标准，或不懂标准。

GB 4706.53是强制性国家标准，其前言中明确规定，标准要同GB 4706.1共同使用。现发现有些企业仅以GB 4706.53作为电器安全质量的考核依据，不执行GB 4706.1，这是错误的认识，必须纠正。在标准实际使用过程中，要针对产品具体情况，依据两个标准要求逐条进行分析判断。产品首先应符合两个标准要求，其次，才能考虑成本问题。安全质量优先是不变的准则。

三、具体案例分析

GB/T 23131—2008《电子坐便器》是关于使用性能的国家标准，其最重要的性能指标是清洁率和整机寿命。GB/T 23131—2008 要求清洁率应不低于 95%，目前市场上能够达到该要求的产品低于 50%，也就是说有近一半的主要性能不达标。

为了进一步提高产品质量水平，用先进标准引导企业质量升级，全国家用电器标准化技术委员会清洁器具分技术委员会于 2016 年 11 月成立修订 GB/T 23131 的起草工作组，着手标准的修订工作。起草组成员肯定了现行标准对质量的支撑作用，并建议增加烘干效率、耗水量等项目的技术要求和试验方法，进一步细化清洁率和整机寿命的测试方法，增加对主要性能按国际先进水平、国内先进水平、国内中等水平和国内一般水平进行分等分级。主要目的是通过质量分级体现产品质量水平和性价比，实现优质优价的目的，引导消费者合理选购。通过标准修订将进一步提高行业对标准的重视程度，并推动企业执行标准的自觉性，从而提高电坐便器的整体质量水平，实现从家电大国向家电强国的转型。

随着新版 GB/T 23131—2019《家用和类似用途电坐便器便座》于 2019 年 3 月 25 日的批准发布，以及 2019 年 10 月 1 日的实施，作为电坐便器的基础性标准，新版 GB/T 23131—2019，突出洗净、干燥等使用性能，增强产品使用价值，提高产品的识别度；强化了智能定义，有效抑制智能化的概念炒作；增加了抗菌、防霉等健康舒适项目，引领产品向着健康舒适方向发展；对主要性能指标进行量化分级，促进企业领跑，引领产业品质提升，赶超国际先进水平；标准中用电量、用水量技术要求和试验方法，彰显了节能环保要求；除菌、除异味试验方法的列入，为产品发展预留更大空间。

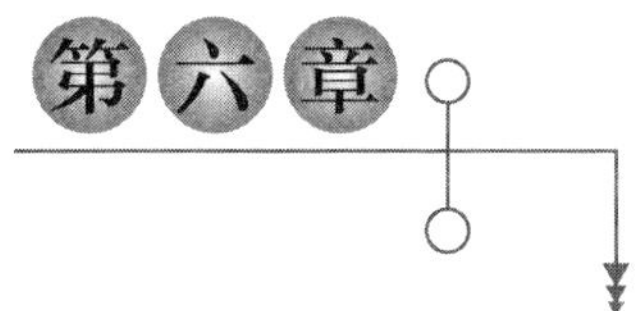

电坐便器选购和使用指南

近年来，随着国民生活水平的不断提高，电坐便器产品逐渐被广大消费者所接受。对于消费者来说，电坐便器还属于比较新颖的产品，很多消费者对产品如何选购、使用、保养等方面都存在困惑。本章将从产品的适用人群、主要类型、型号规格、选购指南、使用常识、日常维护和保养等六方面对电坐便器产品进行全面细致的讲解，为消费者对该产品的选购、使用和维护保养提供了参考和指导。

第一节　适用人群

电坐便器在日本引入时，主要是用于医院为痔疮患者解决病患的清洁型医疗辅助产品。随着后续产品的不断发展和改进，其产品应用扩展至家用。根据电坐便器的设计理念和设计初衷，结合产品近些年的市场反馈情况，下述人群更适宜使用电坐便器产品：

a）女性

据研究调查，女性妇科病的60%产生原因均为卫生不洁导致。因此，个人清洁护理对于女性健康至关重要。尤其处于经期和产前产后阶段更要注意保护女性的卫生健康。电坐便器产品专门设置了“妇洗”功能，此功能通过产品内部的伸缩喷嘴喷出温水来清洗私处，保证了卫生清洁，也减少了细菌病毒的入侵，降低了妇科疾病的发病率，提高了使用者的生活品质。

b）老年人

随着年龄的增大，人体各项功能减弱，伴随有行动不便、弯腰费力、消化能力下降等现象，很多老人有血压或心脏等问题。对于老年人而言，弯腰去掀盖板，低头用卫生纸去做清洁等往往会产生危险隐患。尤其是冬季，坐圈温度较低，易导致老人受凉，从而可能引发相关疾病。而电坐便器产品设置臀洗、烘干等功能可以让老年人轻松地解决以上的问题，用水洗功能来代替传统的纸擦，更能保护老年人脆弱的肌肤，减轻很多烦恼，而且电坐便器的“坐圈加热”及“暖风烘干”的功能，保证了老年人在冬季如厕时舒适的感受。

c）痔疮、便秘患者

由于不健康的饮食习惯，导致现在痔疮的发病率逐年升高。据统计，中国的痔疮发病率已成为世界上最为严重的国家之一，很多人都饱受病痛的折磨，甚至不敢如厕。而电坐便器产品设置的“臀洗”和“按摩”等功能，通过用温水来清洗人体表面，不仅可以促进局部血液循环，而且有效地减少了人体表面细菌的滋生，同时，按摩刺激相关的穴位，有效地减轻了痔疮或便秘产生的痛苦。

d）残障人士

残障人士由于行动不便，其在如厕时往往需要相关人员的陪护下才可以进行，这样不但费时费力，而且彼此间往往会较为尴尬，而电坐便器产品由于具有智能控制的特点，在便后通过按下相关按键，一切清洁功能便顺利进行，在夜间其还有夜灯照明的功能，极大地方便了残障人士的使用。

e）追求高品质健康生活的人群

在使用普通马桶后会造成大量卫生纸堆积的情况，这不仅会对浴室带来污染，而且也容易引起细菌的滋生与传播，给人们的健康带来威胁，而电坐便器产品减少了卫生纸的使用，通过水洗功能代替了传统的清洁方式，保证了浴室环境的整洁卫生，也降低了细菌的滋生与传播，同时还为

使用者带来了健康舒适的使用感受，因此备受追求高品质生活人群的青睐。

电坐便器是一种体验感很强的产品，对使用后的消费者进行回访，95%以上的用户认为该产品值得购买，并且达到或超出了预期的使用效果。该产品从观念上改变了人类的如厕方式，提高了使用者的生活品质，是人类对美好生活向往的体现。随着社会经济的快速发展，国内城镇化水平的不断提高，电坐便器产品将被越来越多消费者所接受，其产品优势将会赢得更多消费者的口碑，从而带动行业进一步的发展。

另外，随着社会的发展和各国家和地区节能环保政策的要求，对坐便器产品的节水节能要求越来越高。按照 GB/T 23131—2019《家用和类似用途电坐便器便座》规定的用电量和用水量限值，以我国 2017 年的 420 万台销量计算，电坐便器的年用水量约为 1594.32 万 t，相当于北京市约 3 天的生活用水量（按国家统计局数据）；年用电量约为 8.97 亿 kWh，相当于北京市约 15 天的生活用电量（按首都电力交易中心数据）。如果产品能效每提高 5%，每年可节水 95 万 t，节电 0.5 亿 kWh，显著减少碳排放和减缓全球温室效应，经济效益和社会效益显著。

第二节　产品主要类型

市场在售的电坐便器产品种类烦琐、五花八门，电坐便器对于国内消费者来说属于新兴产品，致使消费者对器具的使用功能、结构特点、规格分类都不是很了解。下面，通过 GB/T 23131—2019《家用和类似用途电坐便器便座》的相关规定，介绍电坐便器的几种分类方式。

a）按照控制方式分类

（1）普通式，以汉语拼音字母 P 表示；

（2）智能式，以汉语拼音字母 N 表示。

普通式坐便器是指依靠使用者操作或预设的指令完成某些固定的功能，如臀部清洗、坐圈加热、自动开盖等。器具不具备感知能力、学习能力、记忆能力，现在市场在售的大部分电坐便器为普通式。

智能式坐便器应具有感知能力、学习能力和记忆能力。感知能力是指器具根据检测数据或实际工况自动做出推测或推断的行为；学习能力是指器具在运行过程中，不断自动积累经验，通过调整参数，改善执行任务效果的行为；记忆能力是指器具在运行过程中，为适应使用者需求自动调整系统参数并储存的行为。现在电坐便器销售市场“智能”一词乱用，蹭智能热度，虚假宣传，给消费者选购产品带来了困惑。

b）按清洗加热方式分类

（1）储水式，以汉语拼音字母 C 表示；

（2）即热式，以汉语拼音字母 J 表示；

（3）其他，不表示。

储水式坐便器内部结构紧凑，设置有一个储水箱，此类产品的特点是需在器具使用前，通过加热元件使储水箱中的水加热到设定的温度，以备使用。大部分储水式产品都会出现因清洗功能长时间使用，清洗水温不断下降而影响消费者使用的现象。如需继续使用热水，需要暂停一段时间，以便于储水箱来加热冷水。储水式坐便器还有一个较大的缺点，器具有很大一部分电能用于保持储水箱中的水温，造成器具用电量偏大。储水式坐便器内部结构如图 6. 1 所示。

即热式是指电坐便器的水加热元件具备即时将冷水加热到使用温度的能力，即按即用，无需预热是该类产品的最大特点。当使用者按下清洗按键时，器具开始进水，冷水在流经加热元件后，瞬间升温以达到使用者设定的温度。即热式坐便器不仅解决了器具需要预热、不能持续提供热水的功能缺陷，而且还降低了器具用电量，减少了因水箱保温需要的电能。但即热式坐便器需实时监控水流温度，并加以控制，产品的相对价格较高。一些即热式坐便器因对水温控制能力不佳，造成喷嘴出水温度时高时低的

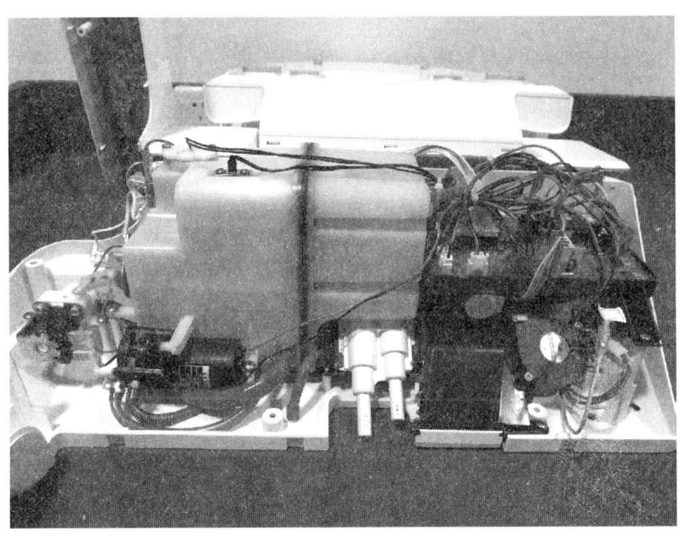

图 6.1　储水式坐便器内部结构

现象也是存在的。即热式坐便器的内部结构如图 6.2 所示。

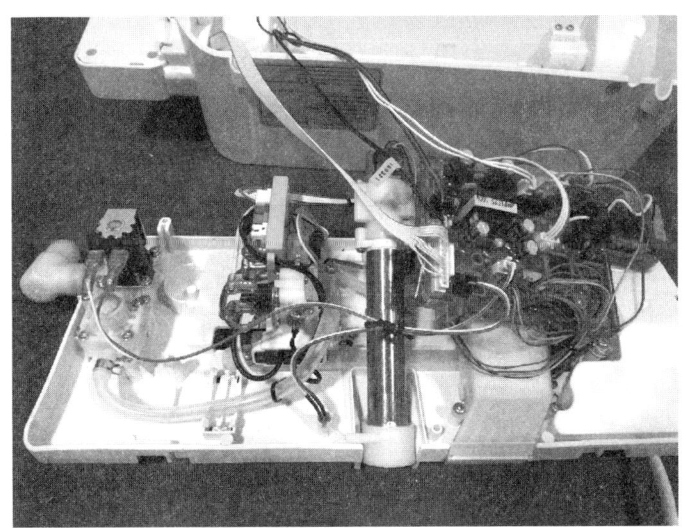

图 6.2　即热式坐便器内部结构

c）按功能形式分类

（1）带有吹风功能的，以汉语拼音字母 F 表示；

（2）带有坐圈加热功能的，以汉语拼音字母 R 表示；

（3）带有喷嘴自清洁功能的，以汉语拼音字母 Q 表示；

（4）带有抗菌功能的，以汉语拼音字 K 表示；

（5）带有环境除臭功能的，以汉语拼音字母 C 表示；

（6）其他，按照实际功能第一个汉字的拼音首字母表示。

电坐便器所具有的功能，是消费者购买该产品的初衷。以下对上述功能做一个简单介绍：

吹风功能是利用风机将加热过的空气吹出，以达到暖风干燥残留在人体皮肤上的水分的作用（如图 6.3 所示）。

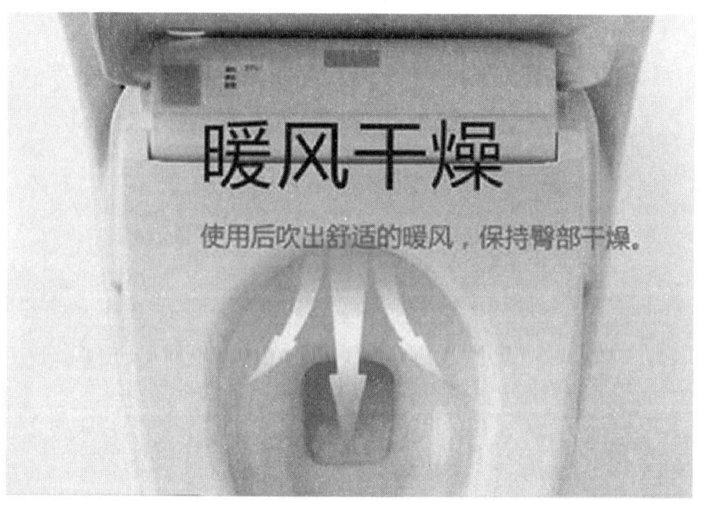

图 6.3　吹风功能

坐圈加热功能是器具具有将坐圈加热到使用者设定温度的能力，在低温环境下保证使用者的舒适性（如图 6.4 所示）。

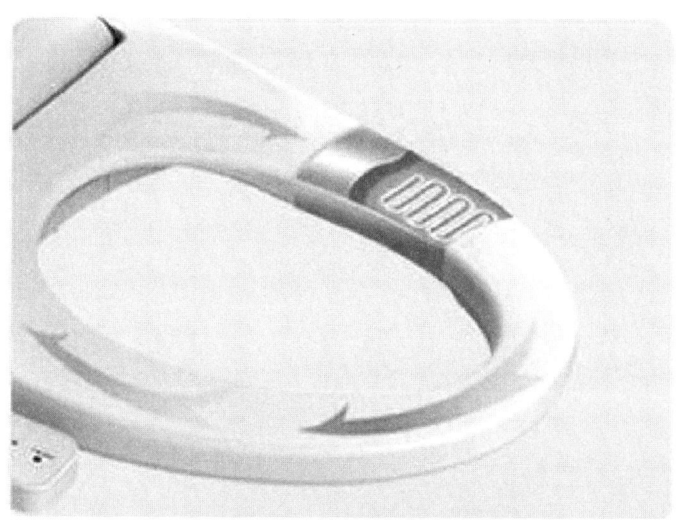

图 6.4　坐圈加热功能

喷嘴自清洁功能是利用水等介质对喷嘴进行清洁的过程，所起到的作用是消除喷嘴上的残留污物，保持喷嘴清洁状态，减少细菌的滋生（如图 6.5 所示）。

图 6.5　喷嘴自清洁

抗菌功能是指向器具所使用的材料中添加抗菌剂，使其具有抑制细菌生长的特性，其作用是减少器具细菌的滋生，降低细菌对人体健康的伤害（如图6.6所示）。

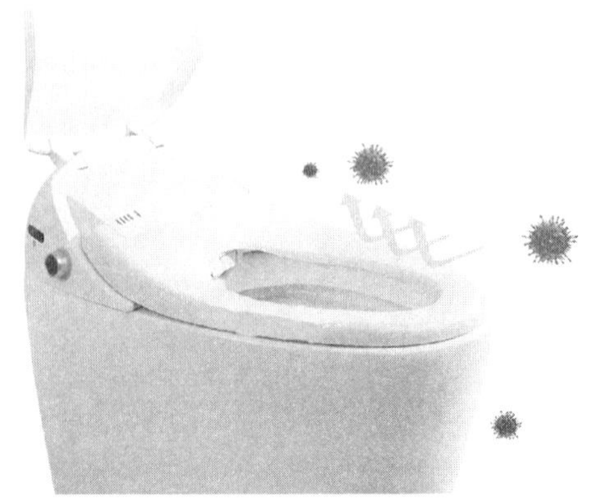

图6.6 除菌功能

环境除臭功能的作用是去除卫生间异味，提高空气质量（如图6.7所示）。

图6.7 除臭功能

为了改善用户使用体验，电坐便器还增加了很多附加功能，例如杀菌、夜灯、WiFi功能、多媒体功能等。

另外，随着科技的发展，一些电坐便器生产商还开发了一些具有健康检测功能的产品，如：尿检功能，其功能可以定期对使用者进行尿检，通过对尿液中的蛋白质、酸碱度、尿比重、潜血、微量蛋白、肌酐等指标的检测，监测使用者的健康状况，以达到对肾脏疾病预警的效果。体脂检测功能，通过对使用者的体脂测试，对人体的体脂肪率、基础代谢量、肌肉水平、骨量水平、内脏脂肪等级等指标进行记录、贮存并分析，为使用者建立健康档案，提供饮食运动建议，帮助使用者改善亚健康状态。

现市场销售的电坐便器产品型号齐全、功能丰富、配置多样，消费者可以根据实际使用需求，做出经济合理的选择。

第三节　铭牌、规格、型号的含义

电坐便器按照 GB/T 23131—2019《家用和类似用途电坐便器便座》和 GB 4706.53—2008《家用和类似用途电器的安全　坐便器的特殊要求》的相关要求进行型号命名，以及在铭牌上明示产品主要参数等。

a）铭牌

电坐便器上的铭牌应可以给使用者提供具体信息，从而指导使用者正确安全的使用器具。电坐便器的铭牌应具有如下信息：

——额定电压或额定电压范围，单位为伏（V）；

——电源性质的符号，标有额定频率的除外；

——额定输入功率，单位为瓦（W）或额定电流，单位为安（A）；

——制造商或责任承销商的名称、商标或识别标识；

——器具型号或系列号；

——防水等级的 IP 代码，IPX0 可不标出。

b）规格

电坐便器的规格以器具最大清洗流量表示，单位为毫升每分钟（mL/min）。

c）型号含义

电坐便器的型号及其含义如下：

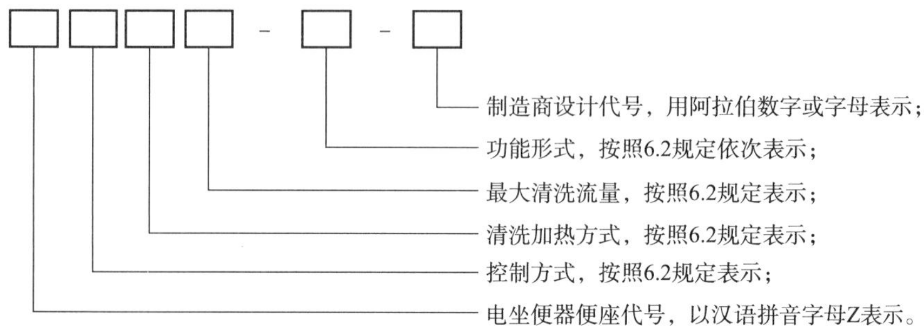

示例：ZPJ680-FRQC-A 表示带有吹风、坐圈加热、喷嘴自清洁以及环境除臭功能的即热式普通电坐便器便座，最大清洗流量为 680 mL/min，制造商设计代号为 A。

第四节　选购及使用指南

问题 1：如何看懂电坐便器的产品宣传？

首先要看电坐便器产品的使用说明（包括包装、铭牌、说明书、活页、网站等）中宣称产品符合的标准依据是什么。

目前，国家 CCC 认证目录中不包括电坐便器产品，对于电坐便器的电器安全性，该产品应符合 GB 4706.1《家用和类似用途电器的安全　第 1 部分：通用要求》和 GB 4706.53《家用和类似用途电器的安全　坐便器的特殊要求》的要求。以上标准是强制性标准，产品必须执行，如产品包装或使用说明中没有提到相关标准，可认为是存在危险的不合格产品，不建议购买。

问题 2：电坐便器的特征技术指标有哪些？

（1）清洁率表示电坐便器去除人体表面残余排泄物的能力，去除能力与数值成正比。

（2）最大清洗流量表示电坐便器清洗功能开启时，单位时间内所能提供的最大水量。

（3）出水温度的稳定性表示电坐便器对加热水温的控制能力，水温控制能力与数值成反比，波动范围越小，使用效果越好，产品越优质。

（4）出水温度的响应时间表示电坐便器清洗水温达到 35 ℃所需的时间，响应时间越短，产品使用效果越好，产品越优质。

（5）吹风温度表示暖风烘干时电坐便器所产生的最高温度，温度越高越有利于烘干功能的实现，但应保证高温不会对使用者造成烫伤。

（6）吹风风量表示暖风烘干时电坐便器所提供的风量，风量越大越有利于烘干功能的实现，但吹风风量与吹风噪声成正比，考虑烘干效果的同时要保证噪声满足标准要求。

（7）吹风噪声表示电坐便器开启暖风烘干时所产生的声音，吹风噪声值越小，说明产品越优质。

（8）坐圈表面温度表示电坐便器坐圈加热功能开启后，坐圈表面所能达到的最高温度。标准中对坐圈表面温度做了限制，避免对使用者产生烫伤危险。

（9）坐圈表面温度的均匀性表示电坐便器对坐便表面温度的控制能力，控制能力越好，坐圈表面温差越小，产品使用效果越好。

（10）用电量表示了电坐便器使用过程中所消耗的电能，在清洁率相同的情况下，用电量越少，产品越节能。

（11）用水量表示了电坐便器使用过程中所消耗的水量，在清洁率相同的情况下，消耗水量越少，产品越节水。

（12）耐久性表示了电坐便器使用寿命，耐久性周期越多，产品的使用寿命越长。

（13）抗菌表示了电坐便器某部位抑制细菌生长繁殖的能力，抗菌率越高，说明产品抗菌能力越强。

（14）防霉表示电坐便器某部位抑制霉菌生长繁殖的能力，0 级防霉等级的材料防霉效果最好，4 级防霉等级的材料效果最差。

问题 3：如何看懂产品试验报告？

产品试验报告是产品性能指标的具体体现。首先，要看出具试验报告机构的合法性、报告的有效性，检验日期是否属实；其次，检测报告是否与实物对应，检测依据的标准是否有效，检测项目是否完整；最后确认产品的技术指标是否符合标准要求。

检测报告的权威性，体现在报告的真实性。如果消费者对检测报告存有异议，可以通过市场监管部门或相关的管理部门进行核实、确认。

问题 4：什么是电坐便器的核心选购指标？

电坐便器的核心功能是用温水清洁人体残余排泄物，因此清洗效果，就直接表明了器具质量的高低。清洁率就是基于这一思路而设置的。清洁率是指标准运行模式下去除标准模拟人体排泄物质量的百分比，清洁率越高说明产品清洁效果越好，产品质量也就越高。

清洁率的设置是电坐便器其他指标考核的基础，如果清洁率不符合标准要求，再低的用水量、用电量对消费者来说也是没有意义的。

问题 5：为什么说清洁率评价电坐便器清洗性能更合理？

电坐便器清洁性能评价方法目前采用直接法和间接法。其中，直接法是以去除模拟人体排泄物的百分比来表示清洗效果，即清洁率；而间接法则是测量喷嘴水流清洗压力和覆盖面积，通过这些测量数据对电坐便器进行评价。

测试水流清洗力和覆盖面积方法的优点是把喷嘴出水口出水压力的指标量化，可以从数值上有直观的衡量，但不能反映电坐便器的最终清洗效果，这也是该方法最大的缺点；没有足够的数据积累，不同喷嘴结构所涉及参数也不同，需要大量经验数值进行参考，才能找到与实际使用效果的联系。因此，清洁率测试更接近电坐便器的实际使用情况，并能够直观地反映清洗效果。

问题 6：为什么有些电坐便器减配了暖风干燥功能？

暖风干燥功能设置的初衷是通过暖风将清洗后残留在人体皮肤上的水

干燥，减少纸张的使用，以达到节能减排的效果。

暖风干燥功能是消费者使用中的一个痛点，现有的技术还不能达到彻底干燥的效果。所以有些厂家从市场的需要、器具的特点、消费者的反馈等几方面综合考虑，减配了暖风干燥功能，减少了成本，降低了产品的售价。

暖风干燥功能是电坐便器的重要使用功能之一，也是消费者比较关注的一点。生产企业正在积极研发、储备技术，力争实现烘干效果上的突破。吹风噪声设置目的正是为了防止企业一味追究干燥效果，不断增加风量，导致器具噪声变大，损害使用者的利益。随着科技日新月异的发展，相信在不久的将来，暖风干燥这个使用“痛点”必将得到解决。

问题 7：噪声考核指标中“声压级”和“声功率级”的区别?

目前国内家用电器的噪声主要以“声压级”和“声功率级”作为评价指标，单位用 dB（A）表示。

“声压”是在媒介中传播的压强与静压的差异，由于人体听觉系统对声音强弱刺激的反应不是按照线性（即逐渐加大）的规律变化，而是成对数比例关系变化的，所以通常用“声压级”作为表示声音大小的量值。“声压级”测试结果不仅与声源的距离有关，而且还和所处的环境（房间）特性有关；同一噪声源，同样的接收位置，如测点距离噪声源不同，或测试环境不同，其“声压级”结果也是不同的。“声功率级”是在单位时间内声源辐射的空气声能量。对于一个稳定的噪声源，其声功率是一个常数，不随所处的环境而变化。

相对于声压级，用声功率级作为噪声评价的指标将具有以下优点：

（1）声功率级指标，稳定性更好；

（2）声功率级基本不受测试环境约束；

（3）同样的测试数据，将声压级转换为声功率级指标后，偏差显著降低。

因此，声功率级噪声客观评价了家用电器产品辐射的噪声程度，是家电标准中通常采用的表示产品噪声高低的方法。

问题 8：即热式和储水式区别及各自的特点？

即热式电坐便器的特点简而言之：器具水加热元件功率较大，普遍都在 1000 W 以上，即按即用；器具能够连续提供温水，满足使用者长时间使用的需求。

储水式电坐便器有如下三大特点：一是器具需要提前将储水箱中的水预热，以备使用；二是器具因受功率限制，不能连续提供温水，两次使用之间需间隔一段时间；三是器具为保证储水箱中的水温满足使用要求，需消耗电能，致使产品用电量偏大。

针对储水式电坐便器不能连续提供温水的缺点，生产企业通过增大加热元件的加热能力，减小储水箱体积的改进方案，彻底地解决了这个问题。现在很难从器具是否能够连续提供热水来判断机器的类型了。

问题 9：电坐便器耗电吗？

电坐便器作为家电产品的一类，工作时需要消耗电能。通过加热元件的工作完成温水清洗、坐圈加热、暖风干燥等功能。产品的额定功率一般从几百瓦到一千多瓦不等。

电坐便器用电量也是有季节性的，冬季因坐圈加热等功能开启，用电量会高一些，夏季因开启功能较少，用电量就会下降。电坐便器选购时可以参考用电量的分等分级指标。在四口之家的电坐便器在正常使用条件下，A 等级的产品用电量小于 0.4 kWh，D 等级产品用电量大概为 0.7 kWh ~ 0.8 kWh。

问题 10：电坐便器费水吗？

电坐便器利用温水清洗人体残留排泄物，消耗了水资源。

电坐便器因产品差异，一次清洗用水量，从几百毫升到一千多毫升不等。消费者选购电坐便器时可以参考用水量的分等分级，D 等级产品用水量大概是 A 等级产品用水量 2 倍。

以传统坐便器实现冲水功能用 5 L 为例，一次用水可以使 A 等级用水量的电坐便器完成 10 次清洗功能。相对传统坐便器来说，电坐便器清洗功

能耗水量明显要小。

问题 11：如何选购性能优越的电坐便器？

在消费者来看，繁多的电坐便器产品选购起来既耗费时间，又摸不着头脑。“A^+认证”的出现显然帮助消费者解决了这个问题。“A^+认证”以国际先进水平为目标，用量化指标较好地体现了当前供给侧改革的要求，通过专业的检测、权威的认证、打造高端的产品。

“A^+认证”是产品性能认证的一种，是对高性能产品质量的确认和证明。实现了用先进标准推动家电制造的升级，鼓励企业提高产品性能质量和技术水平，为消费者选购提供参考依据，引导消费者合理选购电坐便器产品。

问题 12：电坐便器有哪些人性化功能在选购时需考虑？

所谓电坐便器的人性化功能都是为了更好地发挥产品的使用效果。选购及使用时，可考虑以下功能特点：

——抗菌功能，抑制细菌的繁殖与生长；

——除臭功能，消除卫生间的异味；

——除菌功能，去除细菌的能力；

——智能节电，减少电能消耗；

——坐圈自动启闭功能，方便了消费者的使用；

——夜灯功能，方便夜间使用；

——WiFi 功能，方便远程控制；

——体脂检测，方便用户了解自身情况；

——便前喷雾，防止污垢附着。

第五节　使用基本知识

电坐便器种类繁多，功能多样。消费者在使用电坐便器前应仔细阅读产品使用说明，严格按照说明书中的规定进行使用，如果器具使用不当，不仅会用大大降低电坐便器带来的方便舒适，还会损害器具、甚至危及人身安全。

现总结如下电坐便器使用时的常识，供使用者参考：

（1）电坐便器在安装前，请确认卫生间电源是否与产品使用明说中规定的额定电压、功率频率匹配，确认插头切勿负载过大。如果未按产品使用说明书进行正确连接电源，容易引发火灾、触电等危险。

（2）电坐便器是Ⅰ类器具，产品安装时必须要进行正确的接地连接，请确认使用的插座是否通过正确的接地处理，如果消费者不清楚电坐便器插座是否正确连接，需要请教有经验的工作人员操作。

（3）当电源线不够长时，请选购制造商生产的专业电源延长线。请勿使用松动的插座，勿用弄湿的手插入或者拔出电源，否则会导致火灾或者触电危险。

（4）在进行与水连接的过程中，必须使用随机带的新软管组件，旧组件不能重复利用，避免出现因管件不匹配，导致漏水或性能下降的现象。

（5）带有喷淋功能的电坐便器，确认所使用的水源是清洁的，水压符合使用要求。不能使用中水、海水、废水、污水等作为水源，以避免产生炎症或损伤皮肤。

（6）产品在进行电源连接时，请注意插头部位的防水保护。如果插座位置极易与水接触，请做好防水措施，否则会引起触电、火灾等危险。

（7）当产品发生故障时，请勿继续使用，避免造成人身伤害或财产损失。

（8）当器具出现故障时，严禁使用者自行拆卸、修理或改造该产品，否则可能会导致火灾、触电、发热、短路、室内漏水等风险。

（9）如果在日常使用过程中发现电源软线损坏，必须由制造商维修部门或类似专业人员进行更换。如果不进行更换，人体接触带电的电源线内部导线，容易引发触电危险。

（10）电坐便器使用时请务必将电源插头牢牢插入插座中，拔下电源

插头时，请勿拿住电源线，应拿住电源插头。请勿用湿手插拔电源线插头及触碰插头电极。

（11）身体、感知、智力能力缺陷或经验和常识缺乏的人（包括儿童），请在有人陪同下使用。部分电坐便器有坐圈加热的功能，如果长时间接触皮肤会有低温烫伤危险发生。如果长时间使用高档坐圈温度或吹风温度，容易引起烫伤的危险。

（12）电坐便器一般都设置有着座开关，请勿在器具坐圈上增加其他装饰物，避免造成器具清洗、吹风等功能不能正常使用。

（13）请勿让儿童玩耍电坐便器，否则容易引起烫伤、触电、火灾等危险的发生。

（14）请勿将点燃的香烟或其他危险火源靠近电坐便器产品。

（15）在暖风干燥功能开启时，请勿将出风口覆盖或将手、其他东西塞入暖风出风口。

（16）由于室温与便座、便盖的表面温度差或湿度的原因，便座、便盖的表面可能会出现凝露。为防止凝露的产生，请充分换气。发现凝露时，请及时擦干器具。

（17）电坐便器是涉水产品，当使用环境温度低于4℃时，应采取防冻措施，避免出现内部水箱结冰、水管冻裂等危险。

（18）电坐便器内部结构复杂，不可使产品受到严重撞击，更不可踩踏便盖、便座及后盖或放置重物；在使用过程中发现器具出现滴、漏水现象，需要及时与产品售后服务人员沟通，经专业人员维修之后才可使用。

第六节　日常维护与保养

电坐便器产品是长期工作在高温高湿的密闭环境中，在这种环境中器具极易受到水渍、灰尘、卫生物等污染。正确的日常维护与保养不仅能够保证电坐便器使用性能不会下降，而且还能增加器具的使用寿命，减少故障的发生。

现总结电坐便器日常维护与保养建议如下，供使用者参考：

（1）使用者应严格按照产品说明书中规定的要求，定期对器具进行日常维护和保养。

（2）使用者在进行任何维护和保养前，请务必切断电源，关闭水源。

（3）使用者应按说明定期更换进水过滤装置，更换前请务必关闭水源。如果进水过滤装置不定期更换，可能会造成电坐便器清洗水量变小、水压减弱等现象的发生，影响使用者的使用效果。

（4）具有除臭功能的电坐便器，要定期更换除臭耗材。

（5）定期对喷嘴进行清扫，因为喷嘴喷水孔径较小，很容易造成堵塞现象，要及时对喷嘴进行清理。特别是在中国北方水质硬度较高，容易产生水垢，建议每个月对喷嘴清理一次。

（6）电坐便器表面清理时宜用软布清洁，禁用强酸、强碱和去污粉清洁，勿使用挥发剂、稀释剂等清洗。

（7）当产品长时间不使用时，请拔掉电源，切断水源，排除器具内及管道内的水，以保证安全。当产品再次使用时，请检查插头是否整洁完好，去除电源插头上的灰尘、水渍等，才能将电源插头插入电源插座中。

附件　相关标准

ICS 13.100
K 09

中华人民共和国国家标准

GB 4706.53—2008/IEC 60335-2-84:2005(Ed2.0)
代替 GB 4706.53—2002

家用和类似用途电器的安全 坐便器的特殊要求

Household and similar electrical appliances—Safety—Particular requirements for toilets

(IEC 60335-2-84:2005(Ed2.0),IDT)

2008-12-30 发布　　　　2010-03-01 实施

中华人民共和国国家质量监督检验检疫总局
中国国家标准化管理委员会　发布

前　言

本部分的全部技术内容为强制性。

GB 4706《家用和类似用途电器的安全》由若干部分组成,第1部分为通用要求,其他部分为特殊要求。

本部分是GB 4706的第53部分。本部分应与GB 4706.1—2005《家用和类似用途电器的安全　第1部分:通用要求》配合使用。

本部分等同采用IEC 60335-2-84:2005《家用和类似用途电器的安全　第2部分:坐便器的特殊要求》及增补件1。

本部分代替GB 4706.53—2002《家用和类似用途电器的安全　坐便器的特殊要求》。

本部分中写明"适用"的部分,表示GB 4706.1—2005中的相应条文适用于本部分;本部分写明"代替"的部分,则以本部分中的条文为准;本部分写明"增加"的部分,表示除要符合GB 4706.1—2005中的相应条文外,还必须符合本部分条文中所增加的条文。

本部分与GB 4706.53—2002相比,主要变化如下:

——3.1.9　增加:如果提供暖风烘干,烘干周期应在喷淋周期结束后立即启动,除非是自动控制程序;

——7.12.1　增加:用裸露加热元件加热水的器具的安装说明应注明以下内容:

- 水的电阻系数不能少于　Ω cm;
- 器具必须一直连接在固定布线上。

安装说明书应注明要有点燃的香烟及其他燃烧物不能投入坐便器内的标志,要求固定在坐便器旁边的显著位置(抽水马桶除外)。

——13.2　增加:用裸露加热元件加热水的器具,使用说明书中规定的电阻系数的水来进行试验。

用裸露加热元件加热水的Ⅰ类器具,泄漏电流从距离冲洗组件喷淋头10 mm的金属网与接地端子之间测量。加热元件连接的选择开关每一极轮流测量,如图101所示。

泄漏电流不应大于0.25 mA。

——16.2　增加:用裸露加热元件加热水的器具,应使用说明书中规定的电阻系数的水来进行试验。

本部分由中国轻工业联合会提出。

本部分由全国家用电器标准化技术委员会(SAC/TC 46)归口。

本部分主要起草单位:中国家用电器研究院、国家家用电器质量监督检验中心。

本部分主要起草人:鲁建国、朱焰、赵维波、孙鹏。

本部分于2002年8月首次发布,本次为第一次修订。

IEC 前言

1) 国际电工委员会(IEC)是由所有的国家电工委员会(IEC NC)组成的国际范围的标准化组织。其宗旨是促进在电气和电子领域有关标准化问题上的国际间合作。为此,IEC 开展相关活动,并出版国际标准、技术规范、技术报告、公共可用规范(PAS)、指南(以后统称为 IEC 出版物)。这些标准的制定委托各技术委员会完成。任何对该技术问题感兴趣的 IEC 国家委员会均可参加制定工作。与 IEC 有联系的国际、政府及非政府组织也可以参加标准的制定工作。IEC 与国际标准化组织(ISO)在两个组织协议的基础上密切合作。
2) IEC 在技术方面的正式决议或协议,是由对其感兴趣的所有国家委员会参加的技术委员会制定的。因此,这些决议或协议都尽可能表述了相关问题在国际上的一致意见。
3) IEC 标准以推荐性的方式供国际使用,并在此意义上被各国家委员会接受。在为了确保 IEC 出版物技术内容的准确性而做出任何合理的努力时,IEC 对其标准被使用的方式以及任何最终用户的误解不负有任何责任。
4) 为了促进国际上的统一,各国家委员会要保证在其国家或区域标准中最大限度地采用国际标准。IEC 标准与相应的国家或区域标准之间的任何差异必须清楚地在后者中表明。
5) IEC 规定了表示其认可的无标志程序,但并不表示对某一设备声称符合某一标准承担责任。
6) 所有的使用者应确保他们拥有本部分的最新版本。
7) IEC 或其管理者、雇员、后勤人员或代理(包括独立专家和技术委员会的成员)和 IEC 国家委员会不应对使用或依靠本 IEC 出版物或其他 IEC 出版物造成的任何个人伤害、财产损失或其他任何属性的直接或间接损失,或源于本出版物之外的成本(包括法律费用)和支出承担责任。
8) 应注意在本部分中罗列的引用标准(规范性引用文件)。对于正确使用本部分来讲,使用引用标准(规范性引用文件)是不可缺少的。
9) 应注意本国际标准的某些条款可能涉及专利权的内容,IEC 将不承担确认专利权的责任。

国际标准 IEC 60335 的本部分由 IEC 第 61 技术委员会“家用和类似用途电器的安全”制定。

本部分的第二版取代 1998 年的第一版。它构成了一个技术上的修订本。

2005 年 6 月的双语版本取代英文版。

本部分以下述文件为依据:

FDIS	表决报告
61/2227/FDIS	61/2302/RVD

本部分增补件以下述文件为依据:

CDV	表决报告
61/3350/CDV	61/3464/RVC

有关本部分通过时的全部材料可在以上所示的表决报告中找到。

本部分的法文版未进行投票表决。

本部分应与 IEC 60335-1 及其增补件的最新版本配合使用。本部分是根据 IEC 60335-1:2001 第 4 版制定的。

注1:本部分中提的到“第 1 部分”是指 IEC 60335-1。

本部分补充或修改了 IEC 60335-1 的相应条款,从而将其转化为本部分:坐便器的特殊要求。

凡第一部分中的条款没有在本部分中特别提及的，只要合理，即应采用。本部分写明“增加”、“修改”或“替代”时，第一部分中的有关内容须作相应修改。

注2：采用下列编号：

——对 IEC 60335-1 增加的条款、表格和图从 101 开始编号；

——除非注在新条款中或包含在第 1 部分的注中，否则他们应从 101 开始编号，包括代替的章节或条款。

——增加的附录使用附录 AA、附录 BB 等。

注3：采用下列字体：

——正文要求：印刷体；

——试验规范：斜体；

——注释：小写印刷体。

正文中用黑体印刷的词在第 3 章中给出定义。当 IEC 60335-1 中的一个定义涉及一个形容词时，则该形容词和相关的名词也是黑体。

某些国家存在下述差异：

——3.1.9：正常工作条件不同(美国)；

——6.1：不允许有用裸露加热元件加热水的器具(德国)；

——6.2：加热坐垫可以为 IPX3(日本)；

——22.101：试验不同(美国)。

技术委员会决定，本出版物的内容和它的校正将依然不变，直到修改结果日期被表明在 IECweb 站点(http://webstore.iec.ch)上。届时标准将被：

重新确认，

废止，

由修订版替代，或者

增补。

注：国家委员会应注意下述情况，设备制造商和检测机构需要一段 IEC 新出版物制定后的过渡期，使设备符合新出版物制修订后的试验要求。

委员会建议本增补件被某国家采用执行不能早于发布日期前 12 个月。

引　言

在起草本部分时已假定，由取得适当资格并富有经验的人来执行本部分的各项条款。

本部分所认可的是家用和类似用途电器在注意到制造商使用说明的条件下按正常使用时，对器具的电气、机械、热、火灾以及辐射等危险防护的一个国际可接受水平，它也包括了使用中预计可能出现的非正常情况，并且考虑电磁干扰对于器具的安全运行的影响方式。

在制定本部分时已经尽可能地考虑了 GB 16895 中规定的要求，以使得器具在连接到电网时与电气布线规则的要求协调一致。

如果一台器具的多项功能涉及GB 4706 的系列中不同的特殊要求，则只要是在合理的情况下，相关的部分特殊要求标准要分别应用于每一功能。如果适用，应考虑到一种功能对其他功能的影响。

当本部分标准不包括第 1 部分中有关危险的附加要求时，第 1 部分适用。

注1：意思是第 2 部分的技术委员会已经决定通用要求没有必要在特殊要求中重新规定。

注2：当应用关于通用要求和特殊要求的 GB 4706 系列标准时，覆盖危险的同水平和同类别标准不适用于已经在通用要求中已经考虑的部分。例如，就关于很多器具表面温度的要求来说，同类标准，如 ISO 13732-1 关于热表面的要求，不适用于除第 1 部分或第 2 部分以外的标准。

本部分是一个涉及器具安全的产品族标准，并在覆盖相同主题的同一水平和同一类别的标准中处于优先地位。

一个符合本部分文本的器具，当进行检查和试验时，发现该器具的其他特性会损害本部分要求所涉及的安全水平时，则将未必判定其符合本部分中的各项安全准则。

产品使用了本部分要求中规定以外的各种材料或各种结构形式时，则该产品可以按照本部分中这些要求的意图进行检查和试验。如果查明其基本等效，则可以判定其符合本部分要求。

家用和类似用途电器的安全
坐便器的特殊要求

1 范围

GB 4706.1—2005 中的该章用下述内容代替：

本部分涉及以存储、干燥或者销毁方式处理人体排泄物的电子坐便器的安全，器具的额定电压不超过 250 V。

注101：电子坐便器可以用于处理如纸张和剩余食品类的垃圾物。

本部分也适用于与普通坐便器一同使用的电子设备的安全。

注102：电子设备举例：

——自动盖板装置；

——切碎组件；

——加热坐垫；

——抽吸水组件；

——冲洗用水加热组件。

不作为一般家用，但对公众仍可能引起危险的坐便器，例如在商店、轻工业和农场中由非专业的人员使用的坐便器也属于本部分的范围。

本部分所涉及的坐便器存在的普通危险，是在住宅和住宅周围环境中所有的人可能会遇到的。

一般来说本部分并未涉及幼儿玩耍器具的情况。

注103：注意下述情况：

——对于打算用在车辆、船舶或航空器上的坐便器，可能需要附加要求；

——全国性的卫生保健部门、全国性劳动保护部门、全国性供水管理部门以及类似的部门都对器具规定了附加要求。

注104：本部分不适用于：

——打算使用在经常产生腐蚀性或爆炸性气体(如灰尘、蒸气或瓦斯气体)特殊环境场所的坐便器；

——用化学方式处理人体排泄物的坐便器；

——用燃烧方式处理人体排泄物的坐便器。

2 规范性引用文件

下列文件中的条款通过本部分的引用而成为本部分的条款。凡是注日期的引用文件，其随后所有的修改单(不包括勘误的内容)或修订版均不适用于本部分。然而，鼓励根据本部分达成协议的各方研究是否可使用这些文件的最新版本。凡是不注日期的引用文件，其最新版本适用于本部分。

GB 4706.1—2005 中的该章除下述内容外，均适用。

增加：

GB/T 2423.18—2000 电工电子产品环境试验 第2部分：试验方法 试验 Kb：盐雾，交变(氯化钠溶液)(idt IEC 60068-2-52:1996)

3 定义

下列术语和定义适用于本部分。

GB 4706.1—2005 中的该章除下述内容外，均适用。

3.1.9 代替：

正常工作 normal operation

器具在下述状态下运行：

器具按周期运行，开始每周期为 10 min，坐便器盖打开或盖上，取其中较不利情况。如果周期不能自动终止，器具运行 15 s，或者按使用说明书规定的一段时间，取其较长者。

如果提供暖风烘干，烘干周期应在喷淋周期结束后立即启动，除非是自动控制程序。

模制式坐便器的排泄物箱中应排空或充满泥炭，取其中较不利情况。

包装式坐便器应提供袋子。

冷冻式坐便器每周期加 0.3 L 温度为 37 ℃的水，将温控器设在最低温度。该类器具也要在无水状态下运行。

冲洗组件使用能提供有效喷淋的最不利水压。

3.101

模制式坐便器 mouldering toilet

采用干燥方式处理排泄物的器具。

3.102

包装式坐便器 package toilet

将排泄物包在袋中并存储在箱内的器具。

3.103

冷冻式坐便器 freezing toilet

将排泄物冷冻并存储在箱内的器具。

3.104

真空式坐便器 vacuum toilet

用负压将排泄物抽吸到排泄物箱内的器具。

3.105

冲洗组件 shower unit

装在器具内用喷射水的方式清洁人体一部分的装置。

注：冲洗组件可以在冲洗后提供烘干热风，组件可以在机座或坐垫内。

4 一般要求

GB 4706.1—2005 中的该章适用。

5 试验的一般条件

GB 4706.1—2005 中的该章除下述内容外，均适用。

5.7 增加：

试验用水的温度为(15±5)℃。

6 分类

GB 4706.1—2005 中的该章除下述内容外，均适用。

6.1 修改：

用裸露加热元件加热水的器具应为Ⅰ类或Ⅲ类。

6.2 增加：

坐便器及加热坐垫应至少为 IPX4。

7 标志和说明

GB 4706.1—2005 中的该章除下述内容外，均适用。

7.12 增加：

说明书应说明怎样安全的排空及清洁坐便器，还应详细说明最终处理排泄物或其残渣的方法，除非坐便器连接到污水系统。

修改：

说明书应包括身体、感知、智力能力缺陷或经验和常识缺乏的人(包括儿童)的使用说明，以及儿童不应玩耍器具。

7.12.1 增加：

Ⅰ类器具的安装说明书应注明其必须接地。

用裸露加热元件加热水的器具的安装说明应注明以下内容：

——水的电阻系数不能少于 Ω cm；

——器具必须一直连接在固定布线上。

安装说明书应注明要有点燃的香烟及其他燃烧物不能投入坐便器内的标志，要求固定在坐便器旁边的显著位置(抽水马桶除外)。

7.101 坐便器，除抽水马桶外，应有点燃的香烟及其他燃烧物不能投入坐便器内的标志。标志应固定在显著位置。

注：如果使用器具前能被明显看见，标志可以固定在器具上。

通过视检确定是否合格。

8 对触及带电部件的防护

GB 4706.1—2005 中的该章除下述内容外，均适用。

8.1.1 增加：

GB/T 16842 中的 B 型试验指也适用。

8.2 增加：

GB/T 16842 中的 B 型试验指也适用。

9 电动器具的启动

GB 4706.1—2005 中的该章不适用。

10 输入功率和电流

GB 4706.1—2005 中的该章适用。

11 发热

GB 4706.1—2005 中的该章除下述内容外，均适用。

11.3 增加：

附在涂黑小圆盘上的热电偶也用做测量热空气的温升。

11.7 代替：

冲洗组件运行 2 min，除非冲洗自动停止。其他坐便器运行至稳定状态为止。

11.8 增加：

温升不应超过表 1 所示的值。

表 1

部　　位	温升/K
与皮肤相接触的部件表面	
——金属材料	15
——其他材料	25
烘干人体用热空气	40[a]
距离坐盖 250 mm 的机体外表面	30
模制式坐便器的排泄物箱内部	60
排泄管道	60
[a] 空气温度是指空气排气口 50 mm 处测量值。	

冲洗组件的出水温度不应超过 45 ℃。

12　空章

13　工作温度下的泄漏电流和电气强度

GB 4706.1—2005 中的该章除下述内容外，均适用。

13.2　增加：

用裸露加热元件加热水的器具，使用说明书中规定的电阻系数的水来进行试验。

注101：合适的电阻系数可以用向水中加入磷酸铵得到。

用裸露加热元件加热水的Ⅰ类器具，泄漏电流从距离冲洗组件喷淋头 10 mm 的金属网与接地端子之间测量。加热元件连接的选择开关每一极轮流测量，如图 101 所示。

泄漏电流不应大于 0.25 mA。

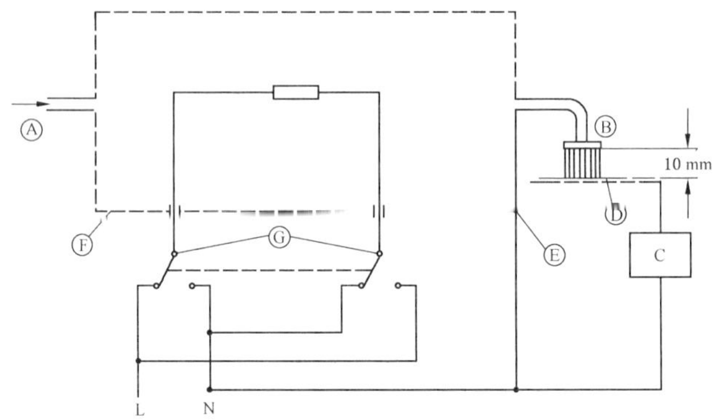

说明：

A——进水管；

B——喷淋头；

C——GB/T 12113 图 4 的电路；

D——金属网；

E——接地端；

F——水加热主体；

G——选择开关。

图 101　用裸露加热元件加热水的器具泄漏电流的测量电路图

14 瞬态过电压

GB 4706.1—2005 中的该章适用。

15 耐潮湿

GB 4706.1—2005 中的该章除下述内容外，均适用。

15.1.1 增加：

可能有必要使用 GB 4208—1993 中 14.2.4b）所描述的喷头对座圈内侧进行试验。

16 泄漏电流和电气强度

GB 4706.1—2005 中的该章除下述内容外，均适用。

16.2 增加：

用裸露加热元件加热水的器具，应使用说明书中规定的电阻系数的水来进行试验。

17 变压器和相关电路的过载保护

GB 4706.1—2005 中的该章适用。

18 耐久性

GB 4706.1—2005 中的该章不适用。

19 非正常工作

GB 4706.1—2005 中的该章除下述内容外，均适用。

19.1 增加：

带有自动控制器的器具，通过 19.101 的试验检验其是否合格。

19.2 增加：

水加热装置试验时加水或不加水，两者取较不利条件。

19.13 增加：

温升应不超过表 2 所示的值。

表 2

部　　位	温升/K
与皮肤相接触的部件表面	
——金属材料	25
——其他材料	55
烘干人体用热空气	65[a]
距离坐盖 250 mm 的机体外表面	40
模制式坐便器的排泄物箱内部	100
排泄管道	100

[a] 空气温度是指空气排气口 50 mm 处测量值。

冲洗组件的出水温度不应超过 65 ℃。

19.101 器具以额定电压供电并在正常工作状态下运行，能够预料的任何故障状态，每次试验只出现一种故障。

注：故障状态举例：

——温控器故障；
——继电器故障；
——元件开路或者短路；
——程序停止在任意位置。

20 稳定性和机械危险

GB 4706.1—2005 中的该章适用。

21 机械强度

GB 4706.1—2005 中的该章除下述内容外，均适用。

21.1 增加：

通过 21.101 和 21.102 的试验确定是否合格。

21.101 打开机体的坐盖，对用垂直坐垫的坐便器将 1 500 N 的力平稳地施加在坐便器的坐垫上 10 min。

盖上机体的坐垫，重复试验。

然后将 250 N 的力按照平行于铰链方向施加在机体的坐盖或者坐垫的前边缘上，缓慢地抬起，放下机体的坐盖或者坐垫试验进行 5 次。

抬起机体的坐盖或者坐垫，将 250 N 的力按照垂直于其平面方向的前边缘施加 1 min。

器具不应出现不符合 8.1、15.1、16.3 及 27.5 要求的损坏。

21.102 排泄物箱注满水后，把器具放置于室温约为－15 ℃的环境中，当水完全冻冰时，开始加热直至冰融化为止，试验进行 3 次。

器具应不出现不符合 8.1、15.1、16.3 及 27.5 要求的损坏。

22 结构

GB 4706.1—2005 中的该章除下述内容外，均适用。

22.2 修改：

Ⅰ类器具应不带有输入插口。

22.24 代替：

器具不应带有置于排泄物箱中的裸露加热元件。

通过视检确定是否合格。

22.33 修改：

液体可以与裸露加热元件直接接触，电极可以用来加热液体。

22.101 坐便器应为固定式器具。

通过视检确定是否合格。

22.102 与皮肤接触且支持身体的金属部件在正常使用时不应接地。

通过视检确定是否合格。

22.103 器具的结构应使带电部件从暴露的排泄物中得到保护。

通过视检确定是否合格。若采用橡胶密封垫，要进行下述试验。

将密封垫浸入温度为(100±2)℃的矿物油中 24 h，试验后，密封垫的体积不应增大 50%。

注：矿物油特性如下：

——苯胺点(93±3)℃；
——100 ℃时黏度为(20±1)×10^{-6} m^2/s；
——闪点(245±6)℃。

22.104 真空坐便器的结构应使得其不能冲水，除非盖住坐便器坐盖时。

通过手动试验确定是否合格。

23 内部布线

GB 4706.1—2005 中的该章除下述内容外，均适用。

23.3 修改：

加热坐垫弯曲次数为 50 000 次。

23.5 增加：

工作在安全特低电压排泄物箱中内部的支持部件，应该不轻于普通的聚氯乙烯护套软线(软线按照 GB 5023.1 中的 53 号线设计)。

24 元件

GB 4706.1—2005 中的该章除下述内容外，均适用。

24.101 符合 19.4 或 19.101 的要求，安装在器具上的热断路器应是非自复位的。

通过视检确定是否合格。

25 电源连接和外部软线

GB 4706.1—2005 中的该章除下述内容外，均适用。

25.3 增加：

用裸露加热元件加热水的器具应只能是永久连接到固定布线上的。

26 外部导线用接线端子

GB 4706.1—2005 中的该章适用。

27 接地措施

GB 4706.1—2005 中的该章除下述内容外，均适用。

27.1 增加：

用裸露加热元件加热水的Ⅰ类器具，水可以进出的金属管，或水流过的金属部件应永久可靠接地。

注 101：这样的金属部件如栅格和金属环。

注 102：易与排泄物接触的部件，也要考虑。

28 螺钉和连接

GB 4706.1—2005 中的该章适用。

29 电气间隙、爬电距离和固体绝缘

GB 4706.1—2005 中的该章除下述内容外，均适用。

29.2 增加：

微观环境是 3 级污染，除非绝缘在封套内或位于器具正常使用时不可能被暴露在污染的环境中。

30 耐热和耐燃

GB 4706.1—2005 中的该章除下述内容外，均适用。

30.2.2 不适用。

30.2.3.1 修改：

灼热丝燃烧指数不适用于加热水的裸露加热元件。

30.2.3.2 修改：

加热水的裸露加热元件，灼热丝试验按其他连接件的要求进行。

30.101 坐垫不应使用易燃材料。

通过经受附录E非金属材料的针焰试验确定是否合格。

如果材料属于GB/T 5169.16中V-0类，则不用进行试验，提供的试验样块不应厚于相应部件。

31 防锈

GB 4706.1—2005中的该章除下述内容外，均适用。

增加：

通过GB/T 2423.18的盐雾试验确定是否合格。按严酷等级2进行。

试验前，用硬的钢针刮划涂层面，钢针端头为40°锥体，其末梢半径为(0.25±0.02)mm的圆柱形。钢针的加载是这样的：沿其轴向施加(10±0.5)N的力，依靠钢针以约20 mm/s的速度，沿涂层表面拖拽形成划痕。制作5条划痕，间距至少5 mm，划痕距边缘至少5 mm。

试验后，器具不应有不符合本部分要求的损坏，尤其是第8章和第27章应符合标准要求。涂层不应破裂，并且不应从金属表面脱落。

注：应能保证与排泄物接触的金属部件暴露在盐雾中。

32 辐射、毒性和类似危险

GB 4706.1—2005中的该章适用。

附　录

GB 4706.1—2005 中的附录均适用。

参 考 文 献

GB 4706.1—2005 中的参考文献除下述内容外，均适用。

增加：

ISO 13732-1　Ergonomics of the thermal environment—Methods for the assessment of human responses to contact with surfaces—Part 1：Hot surfaces

ICS 97.180
Y 62

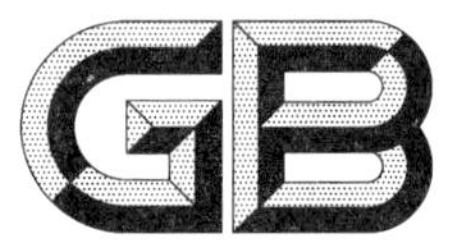

中华人民共和国国家标准

GB/T 23131—2019
代替 GB/T 23131—2008

家用和类似用途电坐便器便座

Household and similar electrical toilets

2019-03-25 发布　　2019-10-01 实施

国家市场监督管理总局
中国国家标准化管理委员会　发布

前　言

本标准按照 GB/T 1.1—2009 给出的规则起草。

本标准代替 GB/T 23131—2008《电子坐便器》。本标准与 GB/T 23131—2008 相比，除编辑性修改外主要技术变化如下：

——标准名称修改为《家用和类似用途电坐便器便座》；

——对标准适用范围进行了重新核定(见第 1 章)；

——重新定义了“电坐便器便座”，增加了“标准运行模式”“用电量”“用水量”“感知能力”“学习能力”“记忆能力”等；删除了“贮热式电子坐便器”“快热式电坐便器”“模拟负载”“清洁性能”和“最高水温”等(见第 3 章)；

——规格型式增加“清洗加热方式”，并将功能形式进行了细化；增加了按“控制方式”分类；器具的规格在型号中以器具的“最大输入功率”表示修改为以“最大清洗流量”表示(见第 4 章)；

——修改了 5.1 使用条件；5.1.2 重新核定了“试运转”；在 5.2“清洗性能”中，对 5.2.1“清洁率”划分了 A、B、C、D 四个等级；增加了 5.2.2“清洗流量”；增加了 5.3“吹风性能”，并将其划分为 A、B、C、D 四个等级；增加 5.4“坐圈加热功能”的内容；修订了 5.5“用电量”要求，并将其划分为 A、B、C、D 四个等级；增加了 5.6“用水量”，并将其划分为 A、B、C、D 四个等级；将原“整机寿命”改为 5.7“耐久性”，同时完善了考核内容，并将其划分为 A、B、C、D 四个等级；增补了 5.8 对器具抗菌、防霉功能的要求；对 5.9“结构及材料”作了修订(见第 5 章)；

——完善了 6.1“试验要求”和 “仪器仪表及精度”；在 6.2“清洗性能”中，修改了 6.2.1“清洁率”试验内容，完善了 6.2.2“清洗流量”的试验方法；增加了 6.3“吹风性能”的各项试验方法；增加了 6.4“坐圈加热性能”的各项测试方法；修订了 6.5“用电量”的测试方法；增加了 6.6“用水量”的测试方法；重新规定了 6.7“耐久性”试验的方法；提出了 6.8“抗菌、防霉、除菌、除异味能力”的试验方法(见第 6 章)；

——对“出厂试验”项目作了重新规定；并对相关文字表述做了编辑修订(见 7.4)；

——对 8.1“标志”和 8.2“使用说明”的内容，作了重新规定；补充了 8.3“包装”的内容(见第 8 章)；

——将“清沽性能试验方法”规范性附录修订为“清洁率试验方法”规范性附录；删除原“A.2.1 耐水砂纸”，由图 A.1 试验基板代替；将原“A.2.2 模拟人体排泄物”符合 SB/T 10309 要求的黄豆酱修订为“A.1 模拟人体排泄物”的模拟人体排泄物的配方和方法；删除原“A.3 模拟负载”；将原“A.4 试验步骤”修改为“A.3 试验步骤”并对内容进行了修改、扩充及完善(见附录 A)；

——删除了模拟负载资料性附录(见 2008 年版的附录 B)；

——增加了“ 除菌性能试验方法”(见附录 B)；

——增加了“ 除异味性能试验方法”(见附录 C)。

请注意本文件的某些内容可能涉及专利。本文件的发布机构不承担识别这些专利的责任。

本标准由中国轻工业联合会提出。

本标准由全国家用电器标准化技术委员会(SAC/TC 46)归口。

本标准主要起草单位：中国家用电器研究院、九牧厨卫股份有限公司、浙江星星便洁宝有限公司、广东乐华家居有限责任公司、松下家电研究开发(杭州)有限公司、怡和卫浴有限公司、无锡欧枫科技有限公司、台州市质量技术监督检测研究院、欧路莎股份有限公司、杭州小沐电子科技有限公司、骊住建材(苏州)有限公司、乐家(中国)有限公司、西安三花良治电器有限公司、浙江特洁尔智能洁具有限公司、深圳市博电电子技术有限公司、上海科勒电子科技有限公司、恒洁卫浴集团有限公司、杜拉维特卫浴科技

(上海)有限公司、威凯检测技术有限公司、中山市爱马仕洁具有限公司、厦门瑞尔特卫浴科技股份有限公司、乳源南岭智能家用机械有限公司、佛山市家家卫浴有限公司、广东尚康科技有限公司、国家节水器具产品质量监督检验中心、金枫林电器(无锡)有限公司、国家家用电器质量监督检验中心。

本标准主要起草人:马德军、鲁建国、朱焰、林孝发、刘翔、谢岳荣、刘民、周斌、彭文松、孙智涛、翁晓伟、林华友、王佐之、陈松涛、宣键清、钱伟强、马恺、许海虹、罗云、王海涛、谢培全、宋百超、周锋华、朱海宝、王兵、滕世国、杨国勇、陈少雄、侯杰、梁毅。

本标准所代替标准的历次版本发布情况为:

——GB/T 23131—2008。

家用和类似用途电坐便器便座

1 范围

本标准规定了家用和类似用途电坐便器便座的术语和定义、分类、规格与型号命名、技术要求、试验方法、检验规则、标志、使用说明、包装、运输和贮存。

本标准适用于在家庭及类似场所使用的、额定电压不超过250 V的单相电坐便器便座。

本标准不适用于陶瓷坐便器和专门用于医疗用途的电坐便器。

2 规范性引用文件

下列文件对于本文件的应用是必不可少的。凡是注日期的引用文件，仅注日期的版本适用于本文件。凡是不注日期的引用文件，其最新版本(包括所有的修改单)适用于本文件。

GB/T 191 包装储运图示标志

GB/T 1019 家用和类似用途电器包装通则

GB/T 2828.1 计数抽样检验程序 第1部分:按接收质量限(AQL)检索的逐批检验抽样计划

GB/T 4214.1 家用和类似用途电器噪声测试方法 通用要求

GB/T 4343.2 家用电器、电动工具和类似器具的电磁兼容要求 第2部分:抗扰度

GB 4706.1 家用和类似用途电器的安全 第1部分:通用要求

GB 4706.53—2008 家用和类似用途电器的安全 坐便器的特殊要求

GB 4789.2 食品安全国家标准 食品微生物学检验 菌落总数测定

GB/T 4798.1 电工电子产品应用环境条件 第1部分:贮存

GB/T 4798.2 电工电子产品应用环境条件 第2部分:运输

GB/T 5296.2 消费品使用说明 第2部分:家用和类似用途电器

GB 5749 生活饮用水卫生标准

GB/T 14295 空气过滤器

GB/T 18204.2 公共场所卫生检验方法 第2部分:化学污染物

GB/T 18883 室内环境空气质量标准

GB 19489 实验室 生物安全通用要求

GB 21551.1—2008 家用和类似用途电器的抗菌、除菌、净化功能通则

GB 21551.2 家用和类似用途电器的抗菌、除菌、净化功能 抗菌材料的特殊要求

3 术语和定义

下列术语和定义适用于本文件。

3.1

电坐便器便座 electrical toilets

由电力驱动，通过水清洗人体残余排泄物，可带有吹风、坐圈加热等单一或多种功能的器具(以下简称“电便座”)。

3.2

标准运行模式 standard operation mode

用于测量清洁率、用电量、用水量等项目的标准运行过程。

3.3

清洁率 cleaning rate

标准运行模式下去除模拟人体排泄物质量的百分比。

3.4

清洗流量 spray water flow consumption

电便座在规定清洗模式下单位时间所消耗的水量。

3.5

用电量 energy consumption

电便座在标准运行模式下所消耗的电量。

3.6

用水量 water consumption

电便座在标准运行模式下所消耗的水量。

3.7

感知能力 perception ability

电便座根据检测数据或实际工况自动做出推测或推断的行为。

3.8

学习能力 learning ability

电便座在运行过程中，不断自动积累经验，通过调整参数，改善执行任务效果的行为。

3.9

记忆能力 memory ability

电便座在运行过程中，为适应使用者需求自动调整系统参数并储存的行为。

4 分类、规格与型号命名

4.1 分类

4.1.1 按照控制方式分为：

a) 普通式，以汉语拼音字母 P 表示；

b) 带有感知能力、学习能力和记忆能力的智能式，以汉语拼音字母 N 表示。

4.1.2 按清洗加热方式分为：

a) 即热式，以汉语拼音字母 J 表示；

b) 储水式，以汉语拼音字母 C 表示；

c) 其他，不表示。

4.1.3 按功能形式分为：

a) 带有吹风功能的，以汉语拼音字母 F 表示；

b) 带有坐圈加热功能的，以汉语拼音字母 R 表示；

c) 带有喷嘴自清洁功能的，以汉语拼音字母 Q 表示；

d) 带有抗菌功能的，以汉语拼音字 K 表示；

e) 带有环境除臭功能的，以汉语拼音字母 C 表示；

f) 其他，按照实际功能第一个汉字的拼音首字母表示。

4.2 规格

电便座的规格在型号中以电便座最大清洗流量表示,单位为毫升每分(mL/min)。

4.3 型号命名

电便座的型号及其含义:

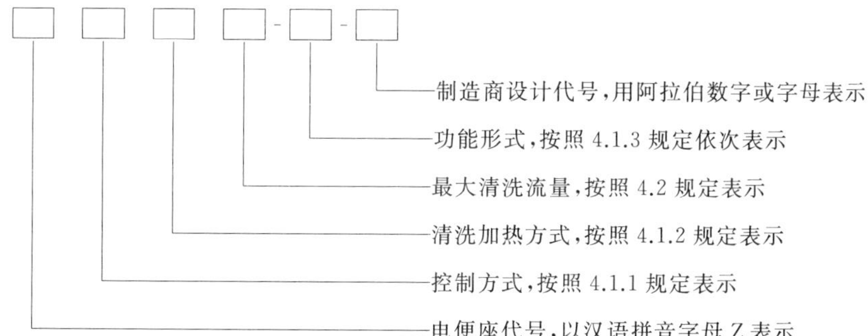

示例:ZPJ680-FRQC-A表示带有吹风、坐圈加热、喷嘴自清洁以及环境除臭功能的即热式普通电便座,最大清洗流量为680 mL/min,制造商设计代号为A。

5 技术要求

5.1 使用条件

5.1.1 电便座使用时应符合如下要求:

a) 电便座应在使用说明规定的使用环境条件下运行;

b) 供水水源:符合GB 5749的城市饮用水,供水水压为0.1 MPa~0.8 MPa,供水温度5 ℃~40 ℃。

5.1.2 试运转

电便座运转一个周期,应运行良好。

5.2 清洗性能

5.2.1 清洁率

5.2.1.1 清洁率应不低于90.0%。

5.2.1.2 清洁率按清洁能力高低分为A、B、C、D四个等级,见表1。

表1 清洁率分等分级一览表

清洁率等级	清洁率 C/%
A	$C \geqslant 98.0$
B	$96.0 \leqslant C < 98.0$
C	$93.0 \leqslant C < 96.0$
D	$90.0 \leqslant C < 93.0$

5.2.2 清洗流量

电便座最大清洗流量的实际测量值应不小于明示值的95%。

5.2.3 出水温度的稳定性

整个清洗周期水温波动值在5 K以内。

5.2.4 出水温度的响应时间

电便座清洗水温达到35 ℃的时间应不大于3 s。

5.3 吹风性能

5.3.1 吹风温度

电便座吹风出口最高温度应不大于65 ℃。

5.3.2 吹风风量

5.3.2.1 电便座最大吹风风量应不低于0.2 m^3/min。

5.3.2.2 电便座吹风风量由高到低分为A、B、C、D四个等级,见表2。

表2 吹风风量分等分级一览表

吹风风量等级	风量 $Q/(m^3/min)$
A	$Q\geqslant 0.5$
B	$0.4\leqslant Q<0.5$
C	$0.3\leqslant Q<0.4$
D	$0.2\leqslant Q<0.3$

5.3.3 吹风噪声

5.3.3.1 电便座声功率级噪声应不大于68 dB(A)。

5.3.3.2 电便座噪声由低到高分为A、B、C、D四个等级,见表3。

表3 吹风噪声分等分级一览表

噪声等级	噪声 L_w/dB(A)
A	$L_w\leqslant 53$
B	$53<L_w\leqslant 58$
C	$58<L_w\leqslant 63$
D	$63<L_w\leqslant 68$

5.4 坐圈加热性能

5.4.1 坐圈表面温度

电便座坐圈最高温度模式下,所有测试点的温度均应不超过45 ℃。

5.4.2 坐圈表面温度均匀性

电便座坐圈各点的测量值与平均温度值之差应不超过 5 K。

5.5 用电量

5.5.1 带吹风功能的电便座用电量不应大于 0.060 kWh,无吹风功能的电便座用电量应不大于 0.055 kWh。

5.5.2 用电量由低到高分为 A、B、C、D 四个等级,见表 4。

表 4 用电量分等分级一览表

用电量等级	带吹风功能电便座的用电量 E/kWh	无吹风功能电便座的用电量 E/kWh
A	$E \leqslant 0.030$	$E \leqslant 0.025$
B	$0.030 < E \leqslant 0.040$	$0.025 < E \leqslant 0.035$
C	$0.040 < E \leqslant 0.050$	$0.035 < E \leqslant 0.045$
D	$0.050 < E \leqslant 0.060$	$0.045 < E \leqslant 0.055$

5.6 用水量

5.6.1 电便座用水量应不大于 1 100 mL。

5.6.2 用水量由低到高分为 A、B、C、D 四个等级,见表 5。

表 5 用水量分等分级一览表

用水量等级	用水量 V/mL
A	$V \leqslant 500$
B	$500 < V \leqslant 700$
C	$700 < V \leqslant 900$
D	$900 < V \leqslant 1\ 100$

5.7 耐久性

5.7.1 电便座耐久性应不低于 25 000 次。

5.7.2 电便座耐久性由高到低分为 A、B、C、D 四个等级,见表 6。

表 6 耐久性分等分级一览表

耐久性等级	耐久性 D/次
A	$D > 40\ 000$
B	$35\ 000 < D \leqslant 40\ 000$
C	$30\ 000 < D \leqslant 35\ 000$
D	$25\ 000 < D \leqslant 30\ 000$

5.8 抗菌、防霉

明示具有抗菌功能的电便座，其材料抗菌率不应小于90%。

明示具有防霉功能的电便座，其材料防霉等级应至少为1级。

5.9 结构及材料

5.9.1 电便座与人体接触的表面应光滑，正常使用时，不应刮伤人体皮肤。

5.9.2 电便座在正常工作状态下，清洗系统运行正常无阻滞。

5.9.3 供水组件和加温水箱不应渗漏。

5.9.4 明示具有抗菌、防霉功能电便座的抗菌、防霉材料有害物质释放量应符合表7要求。

表7 抗菌、防霉材料有害物质释放量限值一览表

序号	项目		限定值(不大于)
1	综合指标 (水浸泡液)	蒸发残渣	30 mg/L
2		高锰酸钾消耗量	10 mg/L
3	重金属 (酸浸泡液)	铅	1 mg/L
4		镉	0.5 mg/L
5		砷	0.04 mg/L
6		汞	0.01 mg/L
7	单体	氯乙烯	1 mg/kg
8		丙烯腈	11 mg/kg
注：单体项目仅适用于高分子材料。			

6 试验方法

6.1 试验要求

6.1.1 除另有规定外，试验环境条件应满足：

a) 环境温度：(20±5)℃；

b) 相对湿度：40%～70%；

c) 无外界气流、无强烈阳光和其他热辐射作用。

6.1.2 电源：单相交流正弦波，电压及频率波动范围不得超过额定值的±2%。

6.1.3 水源水温：(15±2)℃。

6.1.4 水源压力：(0.20±0.05)MPa。

6.1.5 试运转：应按照产品使用说明规定方法操作，并能完成产品使用说明所述各项功能。

6.1.6 电便座应按照使用说明的相关规定运行。

6.1.7 标准运行模式：电便座水温、水压、坐圈温度为最高挡位，关闭坐便器盖运行8 min；打开坐便器盖，以臀部清洗功能运行1 min。如有吹风功能，以最大挡位运行1 min；如无吹风功能，电便座仍运行1 min。

6.1.8 仪器仪表及精度应符合如下要求：

a) 用于型式试验电工仪表相对不确定度不低于1.0%，用于出厂检验的相对不确定度不低于

2.0%;

b) 测量时间用仪表相对不确定度不低于0.5%;

c) 测量温度用仪表不确定度应不低于0.5 ℃;

d) 测量风速用仪表相对不确定度不低于2.0%;

e) 压力计以千帕(kPa)计,相对不确定度不低于10%;

f) 称重计以克(g)计,相对不确定度不低于1.0%。

6.2 清洗性能

6.2.1 清洁率

电便座在标准运行模式下,按照附录A的规定试验。

6.2.2 最大清洗流量

按使用说明规定:选择最大流量清洗模式,用容器(如图1所示)收集清洗用水60 s,称量并计算流量(水密度按1 g/mL)。取3次算术平均值,作为最大清洗流量。

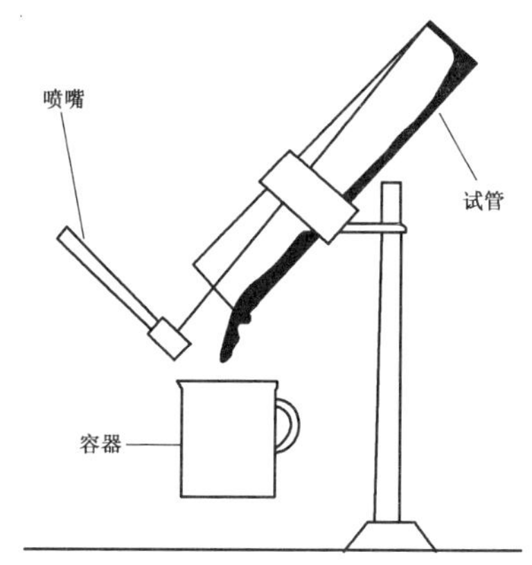

图1 水量收集示意图

6.2.3 出水温度的稳定性

电便座在标准运行模式下,将温度传感器沿喷嘴出水方向,距喷嘴出水口10 mm处放置,测量整个清洗周期温度值,清洗周期初始5 s的清洗水流温度忽略不计。

6.2.4 出水温度的响应时间

电便座在标准运行模式下,将温度传感器沿喷嘴出水方向,距喷嘴出水口10 mm处放置,记录清洗水流接触温度传感器发生温度突变至水温达到35 ℃的时间。

6.3 吹风性能

6.3.1 吹风温度

试验环境温度要求:(23±2)℃。

按照如下步骤测量吹风温度：

a) 将吹风风量和吹风温度设置到最大挡，将热电偶安装在直径为 15 mm，厚度为 1 mm 的用铜或黄铜制成的被涂成黑色的圆板上，圆板与吹风吹出方向垂直；

b) 测量平面定位在离外罩前端口、沿出风口垂直方向 50 mm 处的位置(如图 2 所示)，测量时应确认测量处为温度最高点；

c) 启动吹风模式 30 s 后开始测量，在 150 s 内持续测量各点温度，采样频率不低于 1 次/s，取温度最高值。

注 1：如吹风口有防污水挡板，挡板在安装状态下进行测定。

注 2：每次试验前，需将电便座冷却至室温。

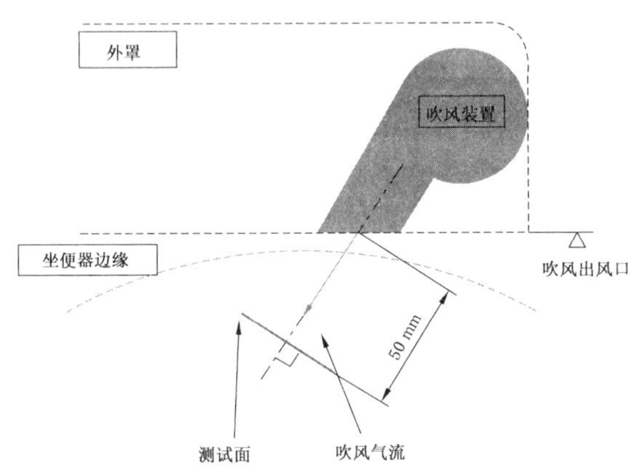

图 2 吹风温度测试示意图

6.3.2 吹风风量

按照如下步骤测量吹风风速及风量：

a) 关闭吹风温度调节装置。如果没有关闭挡，则将温度设置到“最低”挡位；

b) 出风口截面的高度和长度分别记为 H 和 $L(L>H)$，出风口截面面积为 S，测量点为出风口截面高度中心线均布的 3 个点，如遇风口格栅，测量点应在格栅旁边无遮挡处，如图 3 所示；

c) 将尺寸为 $\phi 2\times 300$ mm 的 L 型毕托管沿吹风方向，尽量靠近出风口测点位置放置；

d) 风速为 3 个风速测量点的算术平均值。

风量按式(1)计算：

$$Q=V_F\times S\times 60\times 10^{-6} \quad\quad (1)$$

式中：

Q ——风量，单位为立方米每分(m^3/min)；

V_F ——吹风平均速度，单位为米每秒(m/s)；

S ——出风口截面积，单位为平方毫米(mm^2)。

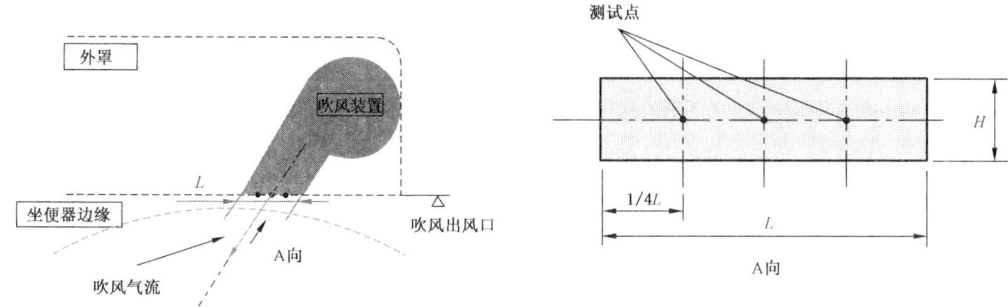

图 3 吹风风速和风量测试示意图

6.3.3 吹风噪声

按照 GB/T 4214.1 的相关规定，在半消音室内进行测试，以确定 A 计权声功率级噪声值。当电便座任意边长不超过 0.7 m 时，按图 4 所示测试声压级噪声值 L_p；当电便座任意边长超过 0.7 m 时，按图 5 所示测试声压级噪声值 L_p。

试验过程中电便座按正常使用状态安装在无水箱的陶瓷便座上，坐便器盖保持关闭状态，在标准运行模式下运行，测试吹风功能的声压级噪声值 L_p。

按式(2)计算声功率级噪声。

$$L_w = L_p + 10\lg\left(\frac{S}{S_0}\right) \qquad \cdots\cdots(2)$$

式中：

L_w ——声功率级噪声，单位为分贝(dB)；

L_p ——声压级噪声，单位为分贝(dB)；

S ——测量表面的面积，单位为平方米(m^2)；

S_0 ——标准面积，1 m^2。

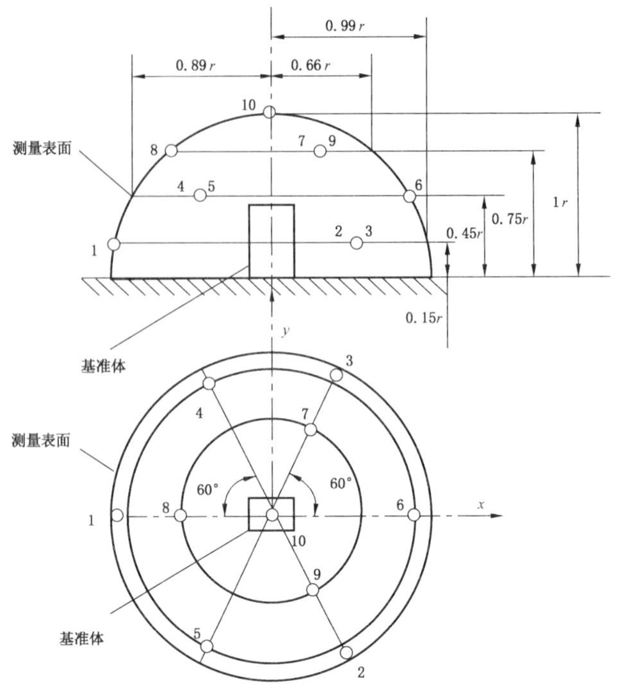

说明：

传声器位置坐标：

N_0	x/R	y/R	z/R
1	−0.99	0	0.15
2	0.50	−0.86	0.15
3	0.50	0.86	0.15
4	−0.45	0.77	0.45
5	0.45	−0.77	0.45
6	0.89	0	0.45
7	0.33	0.57	0.75
8	−0.66	0	0.75
9	0.33	−0.57	0.75
10	0	0	1.0

测量表面的面积：

$S=2\pi R^2$

图 4　半球测量表面测试示意图

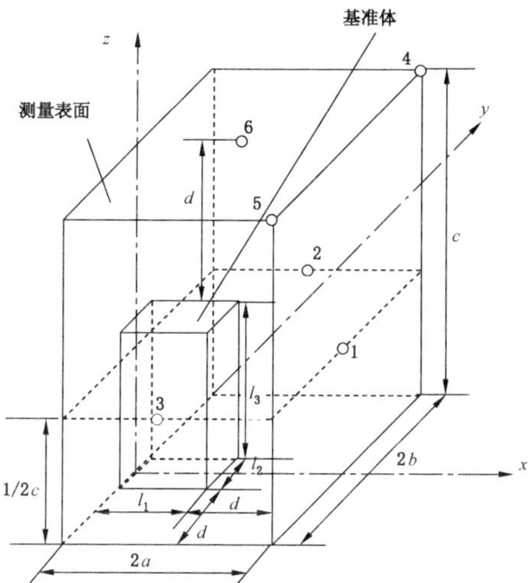

说明：

传声器位置坐标：

N_0	x	y	z
1	$2a$	0	$0.5c$
2	a	b	$0.5c$
3	a	$-b$	$0.5c$
4	$2a$	b	c
5	$2a$	$-b$	c
6	a	0	c

测量表面的面积：

$S=2(2ac+2ab+bc)$

图 5 矩形六面体测量表面测试示意图

6.4 坐圈加热性能

6.4.1 坐圈表面温度

在环境温度(23±2)℃下进行下述试验。测试座温时，着座感应装置不能导通。试验步骤如下：

a) 在与人体接触的坐圈区域内，使用热电偶测试坐圈区域表面的 10 个测点，如图 6 所示；

b) 打开便盖，将电便座坐圈加热挡位置于温度最高模式，启动坐圈加热功能，放置 30 min 后，每隔 2 min 测一次，共测 5 次，测量 10 个测点的温度。

注：用尺寸为 10 mm×10 mm 的高温胶带覆盖热电偶，紧贴测量表面。

6.4.2 坐圈表面温度均匀性

测试布点与测试方法同 6.4.1 。

按式(3)计算坐圈表面温度均匀性。

$$\Delta t = t_i - \frac{1}{50}\sum_{i=1}^{50} t_i \qquad \cdots\cdots(3)$$

式中：

Δt ——温差，单位为摄氏度(℃)；

t_i ——从第 i 个测点测得的温度，单位为摄氏度(℃)。

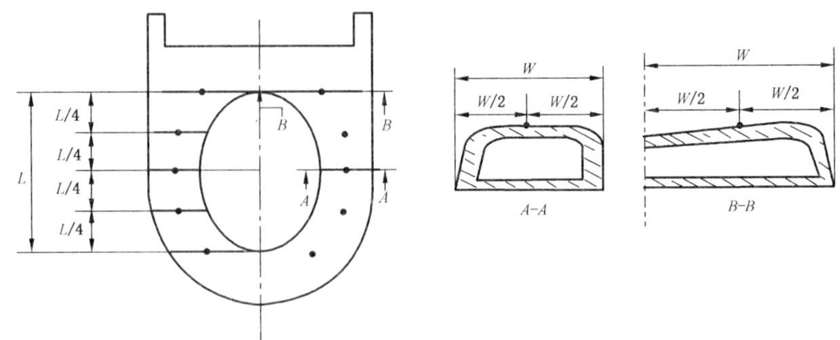

图 6　坐圈温度测量点分布示意图

6.5　用电量

6.5.1　测试要求

试验的环境温度为(23±2)℃。

电便座首次试验前在实验室环境中放置 24 h，每次试验前确保电便座处于试验环境温度。

电便座在标准运行模式下运行，测量整个过程的用电量。

清洁率、用电量在同等条件下检测，清洁率符合要求，用电量结果有效。

6.5.2　用电量计算

记录整个周期用电量，用电量按式(4)计算：

$$E = E_1 + E_C \quad \cdots\cdots(4)$$

式中：

E ——用电量，单位为千瓦时(kWh)；

E_1 ——用电量实测值，单位为千瓦时(kWh)；

E_C ——冷水能量修正值，单位为千瓦时(kWh)。

冷水能量修正值按式(5)计算：

$$E_C = \frac{Q \times (t_C - 15)}{860 \times 1\,000} \quad \cdots\cdots(5)$$

式中：

E_C ——冷水能量修正值，单位为千瓦时(kWh)；

t_C ——坐便器进水口试验用水的实测温度值，单位为摄氏度(℃)；

Q ——按 6.7 的方法测得的用水量，单位为毫升(mL)。

进行 3 次试验，取 3 次的算术平均值作为该电便座的用电量。

6.6　用水量

在标准运行模式下运行，测量整个过程的用水量。

清洁率、用水量在同等条件下检测，清洁率符合要求，用水量结果有效。

进行 3 次试验，取 3 次的算术平均值作为该电便座的用水量。

6.7 耐久性

按使用说明要求，冲洗水温及强度设定最高挡，吹风功能设定最高挡。臀部冲洗 30 s，妇洗 30 s（如无该功能，以臀部冲洗功能再冲洗 30 s），若有吹风功能，则运行 30 s；上述运行模式为一个试验周期；每个周期之间停歇 30 s。

试验结束后，电便座仍能完成使用说明规定的功能。

6.8 抗菌、防霉、除菌、除异味能力

6.8.1 材料抗菌率、防霉等级按 GB 21551.2 规定进行。

6.8.2 电便座水路中的水、喷嘴、便器内壁等位置的除菌试验方法参见附录 B。

6.8.3 除异味试验方法参见附录 C。

6.9 结构及材料

5.9.1～5.9.3 各项目通过视检确定是否符合要求。5.9.4 项目按 GB 21551.1—2008 附录 A 的方法进行测试。

7 检验规则

7.1 检验要求

产品应根据本标准测试合格后，方能批量投产。

7.2 检验说明

每个产品应附有质量检验合格证、使用说明和保修单。

7.3 检验分类

产品的检验分为出厂检验和型式试验。

7.4 出厂检验

7.4.1 每个产品均需进行出厂检验，检验合格后方可出厂。

7.4.2 出厂检验项目见表 8 序号 1、2、3、4、7、9。

表 8 产品检验项目

序号	检验项目	不合格分类	技术要求	试验方法
1	标志	A	8.1	视检
2	电气强度	A	GB 4706.53—2008 中第 13 章	GB 4706.53—2008 中第 13 章
3	泄漏电流	A	GB 4706.53—2008 中第 13 章	GB 4706.53—2008 中第 13 章
4	接地电阻	A	GB 4706.53—2008 中第 27 章	GB 4706.53—2008 中第 27 章
5	使用说明	B	8.2	视检
6	包装	C	8.3	视检
7	试运转	B	5.1.2	6.1.5
8	清洁率	A	5.2.1	6.2.1 及附录 A

表 8（续）

序号	检验项目	不合格分类	技术要求	试验方法
9	最大清洗流量	B	5.2.2	6.2.2
10	出水温度稳定性	B	5.2.3	6.2.3
11	出水温度响应时间	B	5.2.4	6.2.4
12	吹风温度	B	5.3.1	6.3.1
13	吹风风量	B	5.3.2	6.3.2
14	吹风噪声	A	5.3.3	6.3.3
15	坐圈表面温度	B	5.4.1	6.4.1
17	坐圈表面温度均匀性	B	5.4.2	6.4.2
18	用电量	B	5.5	6.5
19	用水量	B	5.6	6.6
20	耐久性	B	5.7	6.7
21	抗菌、防霉	A	5.8	6.8.1
22	结构及材料	B	5.9	6.9

7.4.3 产品出厂检验抽样按 GB/T 2828.1，检验的批量、抽样方案、检验水平及接收质量限，具体由生产厂和订货方共同商量。

7.5 型式试验

7.5.1 产品的型式试验除应符合 GB 4706.1、GB 4706.53—2008 和 GB/T 4343.2 规定的要求外，还应符合第 5 章相关要求。

7.5.2 有下列情况之一时，应进行型式检验：

a) 新产品试制、定型、鉴定时；

b) 正式生产后，当产品在设计、工艺、材料发生较大变化，可能影响产品的性能时；

c) 停产半年以上恢复生产时；

d) 出厂检验结果与上次型式检验结果有较大差异时；

e) 正常生产时，每年至少进行一次。

7.5.3 型式试验的周期由生产厂自行确定；样品应从出厂检验合格的产品中随机抽取。

7.5.4 储存（或生产日期超过）两年以上再出厂，应重新进行型式检验（耐久性除外）。

8 标志、使用说明、包装、运输和贮存

8.1 标志

产品的标志应符合 GB 4706.1 和 GB 4706.53—2008 中涉及“标志”的相应条款要求。

8.2 使用说明

产品的使用说明除应符合 GB 4706.1、GB 4706.53—2008 和 GB/T 5296.2 中相应条款要求外，还应包括：

——产品名称、规格、型号；

——最大清洗流量；

——生产者(制造商)名称、地址、联系方式；

——产品概述,以及功能特点；

——安装及使用说明,维护、保养及注意事项；

——常见故障及处理方法、售后服务事项；

——其他需要说明的情况。

8.3 包装

包装应按照 GB/T 191 和 GB/T 1019 中规定的各项条件,除标注产品执行标准 GB 4706.1、GB 4706.53—2008 和本标准外,还应包括：

——产品合格证明；

——使用说明；

——配装附件安装、维护说明；

——保修卡。

8.4 运输

产品在运输过程中,严禁雨淋,受潮和剧烈碰撞。

具体产品运输环境条件可由制造厂按产地至销售地区在运输过程中可能经受的环境条件,可参照 GB/T 4798.2 执行。

8.5 贮存

包装好的产品应贮存在常温,通风干燥,无腐蚀性气体的仓库内。

具体仓库的贮存条件应按贮存厂商所在地区气候环境而定,可参照 GB/T 4798.1 执行。

附　录　A
（规范性附录）
清洁率试验方法

A.1　模拟人体排泄物

A.1.1　配方

按表 A.1 的成分配制模拟人体排泄物。

表 A.1　模拟人体排泄物成分表

成分	质量或体积
碳酸钙($CaCO_3$)(分析纯)	100.0 g
海藻酸钠($C_5H_7O_4COONa$)(分析纯)	1.0 g
甲基蓝($C_{37}H_{27}N_3Na_2O_9S_3$)(分析纯)	0.2 g
蒸馏水	76 mL

A.1.2　配制

按照如下方法进行配制：

a)　将称取的 100 g 碳酸钙和 1 g 海藻酸钠倒入同一个烧杯中，用玻璃棒按同一方向搅拌 10 min；

b)　称取 0.2 g 甲基蓝，放入烧杯中，向其中注入 76 mL 的蒸馏水，用玻璃棒搅拌约 5 min；

c)　将搅拌均匀的碳酸钙和海藻酸钠混合粉末放入一个玻璃容器中，甲基蓝溶液缓慢均匀的倒入玻璃容器中，边倒入边用玻璃棒搅拌，将液体完全倒入后，用玻璃棒搅拌至少 30 min，直到模拟人体排泄物颜色均匀，表面光滑。

A.2　试验步骤

A.2.1　试验前的准备

A.2.1.1　试验负载的准备

试验负载载体采用透明有机玻璃板，厚度至少为 5 mm，在其上加工(50 ± 0.2)mm×(20 ± 0.2)mm×$(3_{-0.2}^{\ 0})$mm 槽，载污槽表面粗糙度 $Ra100$。如图 A.1 所示，并称取透明有机玻璃板质量 W_0。

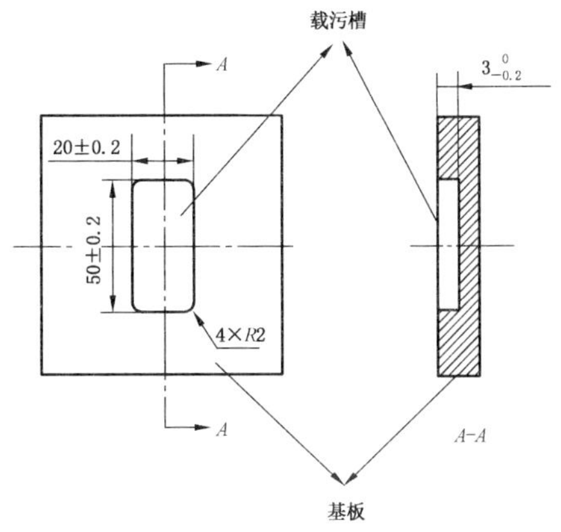

图 A.1 试验基板尺寸示意图

A.2.1.2 涂抹模拟人体排泄物

将模拟人体排泄物均匀地涂抹到载污槽内并涂满压实刮平，将涂有模拟人体排泄物的透明基板水平静置 1 min 后，称量基板及模拟人体排泄物的总质量 W_1。

A.2.1.3 安装和调整

将基板平行于水平面放置，按下电便座的臀洗按钮，调整冲洗水压至最强。通过调整基板垂直方向高度使喷嘴出水口至基板载污槽中心 50 mm，喷射水流方向与载污槽中心对齐(如图 A.2 所示)。

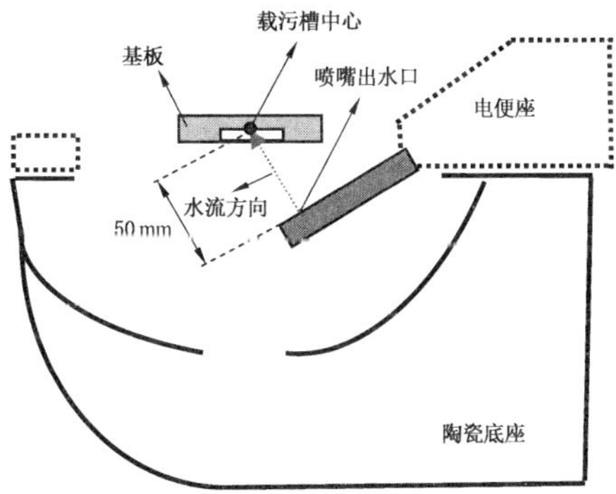

图 A.2 试验安装和调整示意图

A.2.2 试验过程

调整电便座至水温最高挡、冲洗水压最强，按下电便座臀洗按钮(具有自动移动功能开启)，运行 1 min。运行结束，将残留的模拟人体排泄物和基板用吸水纸吸取表面水分，再次称其质量，将其总质量的实测值记录为 W_2。

按上述试验方法试验 3 次，试验时间间隔以每次启动至将冲洗水温加热到最高温度的时长为准，取

3次试验算术平均值。

A.3 清洁率计算

清洁率按式(A.1)计算：

$$C=\frac{W_1-W_2}{W_1-W_0}\times 100\% \qquad \cdots\cdots(A.1)$$

式中：

C ——清洁率；

W_0 ——透明基板质量，单位为克(g)；

W_1 ——冲洗前基板和模拟人体排泄物的总质量，单位为克(g)；

W_2 ——冲洗后基板和剩余模拟人体排泄物的总质量，单位为克(g)。

附　录　B
（资料性附录）
除菌性能试验方法

B.1　范围

该方法适用于对电便座水路中的水、喷嘴、便器内壁等位置进行除菌的测试。其他位置或部件的除菌性能测试可参照本方法。

B.2　试验菌种及活化

B.2.1　试验用菌

B.2.1.1　试验菌种的选择

大肠埃希氏菌 *Escherichia coli* AS　1. 90

金黄色葡萄球菌 *Staphylococcus aureus* AS 1.89

B.2.1.2　一般要求

试验菌种应符合以下基本要求：

a）根据使用要求，也可选用其他菌种或菌株作为试验用菌，但所有菌种或菌株应由国家相应菌种保藏管理中心提供并在报告中标明试验用菌种名称及分类号；
b）试验室要依据国家相关规定安全使用试验微生物，并且尽量选择非致病或低致病微生物；
c）培养菌种使用的各种培养基组分，要符合菌种保藏管理中心的要求；
d）所有涉及微生物操作的器皿和材料都要提前进行灭菌，首选湿热灭菌(121 ℃，20 min)；
e）适用于声称具有除菌作用的电便座；
f）每种细菌单独进行试验。

B.2.2　菌种活化

将标准试验菌株接种于斜面固体培养基上，在(37±1)℃条件下培养 24 h 后，在 5 ℃～10 ℃下保藏(不得超过 1 个月)，作为斜面保藏菌。

将斜面保藏菌转接到平板固体培养基上，在(37±1)℃条件下培养(24±1)h，每天转接 1 次，不超过 2 周。试验时应采用 3 代～14 代、24 h 内转接的新鲜细菌培养物。

B.2.3　加标菌液的制备

B.2.3.1　概述

用接种环从新鲜培养物上刮 1 环～2 环新鲜细菌，加入适量 0.85%的无菌生理盐水中，并依次做 10 倍梯度稀释液，选择要求浓度的菌悬液作为试验用菌液，按 GB 4789.2 的方法操作。

B.2.3.2　水路系统除菌

选择初始浓度为$(1.0\times10^{4}\sim9.0\times10^{4})$CFU/mL 的菌液。

B.2.3.3 喷嘴、便器内壁除菌

选择初始浓度为($5.0\times10^9\sim9.0\times10^9$)CFU/mL 的菌液。

B.2.4 试验环境

试验采取无菌操作技术,实验室环境应符合 GB 19489。

B.3 试验步骤

B.3.1 样机的预处理

试验前,用无菌水冲洗试验管道和样机 30 min,冲洗后在测试要求的取样口处取样检测,菌落总数应不高于 10 CFU/mL,若冲洗 30 min 后菌落总数达不到该要求,应延长冲洗时间,直至出水的菌落总数达到上述要求。

B.3.2 除菌

B.3.2.1 水路系统除菌

试验组:将样机进水口与装有加标菌液的容器连接,样机在使用说明规定的条件下开启除菌程序,在出水口处取样,检测出水中残留的活菌数。

阳性对照:样机进水口端直接取样,培养计数,作为阳性对照。

B.3.2.2 喷嘴除菌

B.3.2.2.1 通过水(或喷雾)对喷嘴进行除菌的电便座

预处理:用 75%的酒精对喷嘴表面擦拭 2 次,然后用无菌水擦拭 2 次,自然晾干。

试验组:菌液涂覆区域以喷嘴出水口上下限确定的距离为宽度,在保证涂覆面积为 100 mm^2 的条件下,在出水口周围外表面确定长度,在确定的区域内涂覆 20 μL 加标菌液(菌悬液与 2%的黄原胶等体积混合)。待表面微干后,开启除菌程序,程序结束后,用 10 mL 浓度为 0.85%的生理盐水回收,测定残留的活菌数。

注 1:若在除菌程序开启前有其他的水流通过喷嘴,测试过程中,可在除菌程序开启前将水源关闭,确保只有除菌水通过喷嘴。

注 2:若喷嘴直径较小,不能满足要求的面积,选取可选择的最大面积 S,使用的菌液量为 $S/100\times20$ μL。

注 3:涂覆过程注意不要将喷水口堵塞。

阳性对照:将菌液涂覆微干后直接回收,测定活菌数。阳性对照回收的活菌数不应低于 10^5 CFU/mL。

注 4:若除菌测试前有其他水流通过喷嘴且试验前水源不能关闭,可以其他水流通过后回收的活菌数作为对照。

B.3.2.2.2 通过照射对喷嘴进行除菌的电便座

预处理:用 75%的酒精对喷嘴表面擦拭 2 次,然后用无菌水擦拭 2 次,自然晾干。

试验组:菌液涂覆区域以喷嘴出水口上下限确定的距离为宽度,在保证涂覆面积为 100 mm^2 的条件下,在喷嘴周围外表面确定长度,在确定的区域内涂覆 20 μL 加标菌液(菌悬液与 2%的黄原胶等体积混合)。待表面微干后,开启除菌程序,程序结束后,用 10 mL 浓度为 0.85%的生理盐水回收,测定残留的活菌数。

阳性对照:将菌液涂覆微干后直接回收,测定活菌数。阳性对照回收的活菌数不应低于 10^5 CFU/mL。

B.3.2.3 便器内壁除菌

预处理:用 75%的酒精对便器内壁擦拭 2 次,然后用无菌水擦拭 2 次,自然晾干。

试验组:在便器内喷杆伸出方向正对的位置,以及左右两侧中心位置各画出 50 mm×50 mm 的区域,将 500 μL 加标菌液(菌悬液与 2%的黄原胶等体积混合)。待表面微干后,开启除菌程序,程序结束后,用 10 mL 浓度为 0.85%的生理盐水回收,测定残留的活菌数。三个位置分别回收。

注 1:若在除菌程序开启前有其他的水流通过便器内壁,测试过程中,可在除菌程序开启前将水源关闭,确保只有除菌水通过便器内壁。

阳性对照:将菌液涂覆微干后直接回收,测定活菌数。阳性对照回收的活菌数不应低于 10^6 CFU/mL。

注 2:若除菌测试前有其他水流通过便器内壁且试验前水源不能关闭,可以其他水流通过后回收的活菌数作为对照。

B.4 数据处理

除菌率按式(B.1)进行计算。

$$R=\frac{A-B}{A}\times 100\% \qquad \cdots\cdots(B.1)$$

式中:

R ——除菌率;

A ——阳性对照回收的活菌数,单位为菌落形成单位每毫升(CFU/mL);

B ——试验组残留的活菌数,单位为菌落形成单位每毫升(CFU/mL)。

试验进行 3 次,取 3 次的算术平均值作为最终除菌率,若有多处不同的取样位置,应分别取样计算。

附 录 C
(资料性附录)
除异味性能试验方法

C.1 范围

本附录适用于宣称具有除异味功能的坐便器。这类电便座一般使用具有净化空气能力的部件(如活性炭过滤网、负离子发生器等),使其能够去除电便座内及卫生间中的引起人嗅觉不适的气味,如氨气、硫化氢等。试验通过测试进风口和出风口的异味物质浓度,进而计算异味去除率。

C.2 异味物质

氨气(NH_3),发生源产生的纯度应大于99%或二级标气以上。分析方法依据GB/T 18204.2。

在线气体浓度分析仪的分辨率至少要达到0.01 mg/m^3,应定期与化学法或色谱法进行校准,偏差在±10%以内。

注:也可选用其他异味物质。

C.3 测试装置

除异味试验需要在风道系统中进行,风道设计参考GB/T 14295,同时要符合图C.1要求。

试验过程中,应确保异味物质能够持续稳定发生,风道系统上游取样截面异味物质浓度不均匀性不应大于15%,30 min内气态污染物浓度波动不应大于10%。

测试装置所处外环境应尽量洁净密闭,应符合GB/T 18883要求,同时带净化排风系统,以防异味物质污染周边环境。

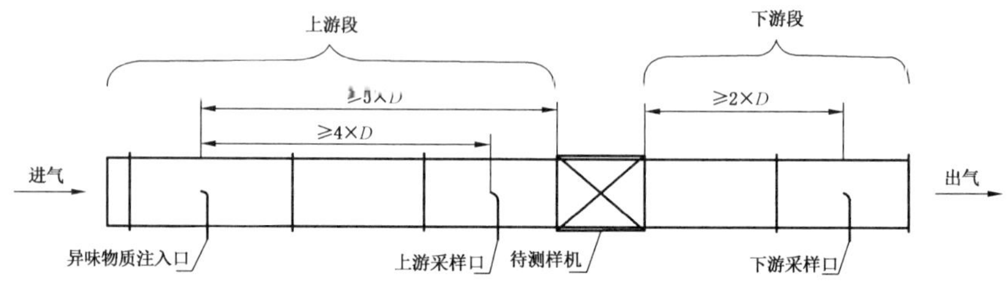

图 C.1 除异味性能测试装置

注:图C.1中的字母 *D* 表示风道边长,一般风道截面是正方形。

C.4 试验步骤

除异味性能试验按照下述步骤进行:

a) 将样机拆除包装,置于6.1.1要求的环境中,静置至少12 h。

b） 将样机除异味装置的进风口接入测试装置的上游段，出风口接入下游段，连接方式应确保不漏风。

c） 启动异味物质发生器，向风道系统中持续注入，确保上游段浓度保持在(2.0±0.4)mg/m³。

d） 待风道中的异味物质浓度稳定后，开启待测样机的除异味程序，稳定运行 1 min。

e） 上游采样口先采样 5 min，然后下游采样口采样 5 min，交替进行，每个采样口采样 3 次，共耗时 30 min。

注：为保证精度，宜使用一台气体浓度分析仪。

f） 关闭异味物质发生器和待测样机，对测试环境进行整体排风，试验结束。

C.5 计算

异味去除率按照式(C.1)进行计算。

$$E = \left(1 - \frac{C_{下}}{C_{上}}\right) \times 100\% \qquad \cdots\cdots (C.1)$$

式中：

E ——异味去除率；

$C_{上}$ ——上游段浓度平均值，单位为毫克每立方米(mg/m³)；

$C_{下}$ ——下游段浓度平均值，单位为毫克每立方米(mg/m³)。

参 考 文 献

[1] 鲁建国．电子坐便器的分类和执行标准［J］．家电科技，2017（10）．

[2] 谭格非．中国智能坐便器普及现状及市场发展趋势［J］．城市开发，2019（05）．

[3] GB 4208—2008 外壳防护等级

[4] GB 4706. 1—2005 家用和类似用途电器的安全　第 1 部分：通用要求

[5] 全国家用电器标准化技术委员会．GB 4706. 1—2005《家用和类似用途电器的安全　第 1 部分：通用要求》宣贯教材．北京：中国标准出版社，2006.

[6] GB 4706. 53—2008 家用和类似用途电器的安全　坐便器的特殊要求

[7] GB/T 4706. 85—2008 家用和类似用途的安全　紫外线和红外线辐射皮肤器具的特殊要求

[8] GB/T 5296. 2—2016 消费品使用说明家用和类似用途电器的使用说明

[9] GB/T 13870. 1—2008 电流对人和家畜的效应　第 1 部分：通用要求

[10] 全国家用电器标准化技术委员会．GB/T 18801—2015《空气净化器》标准实施指南．北京：中国质检出版社，2015.

[11] GB/T18883—2002 室内空气质量标准

[12] GB/T 19281—2014 碳酸钙分析方法

[13] GB 21551. 1—2010 家用和类似用途电器抗菌、除菌、净化功能通则

[14] GB 21551. 2—2010 家用和类似用途电器抗菌、除菌、净化功能　抗菌材料的特殊要求

[15] GB/T 23131—2008 电子坐便器

[16] GB/T 23131—2019 家用和类似用途电坐便器便座

[17] GB/T 22697.2—2008 电气设备热表面灼伤风险评估　第2部分：灼伤阈值

[18] 颜玲君，童华海．家用电器的泄漏电流和电气强度试验［J］．科技创新与应用，2016（10）．

[19] 汪敏，张姣萍，徐中．电击伤致死原因分析及院前救治体会［J］．浙江中西医结合杂志，2013（10）．

[20] JJF 1001—2011 通用计量术语及定义

[21] JJF 1059.1—2012 测量不确定度评定与表示

[22] JJG 874—2007 温度指示控制仪检定规程

[23] JJF 1171—2005 温度巡回检测仪校准规范

[24] JJF 1491—2014 数字式交流电参数测量仪校准规范

[25] JJG 795—2016 耐电压测试仪检定规程

[26] 彭强，宋俊龙．噪声声压级与声功率级评价的分析对比［J］．家电科技．增刊．2012.